CULTURE ET TAILLE

DE LA VIGNE

DU

VIGNOBLE LORRAIN

par

J. J. PICORÉ

Chevalier du Mérite Agricole

Professeur d'Arboriculture et de Viticulture de la Société d'Horticulture de Nancy

MÉDAILLE D'ARGENT

Concours régional de Bar-le-Duc de 1891

Exposition Scolaire, 1re Section

MÉDAILLE D'OR

Exposition d'Horticulture de Nancy

Juillet 1891

NANCY

IMPRIMERIE E. MUNIER, 91 & 93, RUE DE METZ

1891

CULTURE ET TAILLE

DE LA VIGNE

DU

VIGNOBLE LORRAIN

par

J. J. PICORÉ

Chevalier du Mérite Agricole

Professeur d'Arboriculture et de Viticulture de la Société d'Horticulture de Nancy

MÉDAILLE D'ARGENT

Concours régional de Bar-le-Duc de 1891

Exposition Scolaire, 1re Section

MÉDAILLE D'OR

Exposition d'Horticulture de Nancy

Juillet 1891

NANCY

IMPRIMERIE E. MUNIER, 94 & 93, RUE DE METZ

1891

AVANT-PROPOS

C'est pour répondre au désir exprimé par un grand nombre de personnes, que je donne dans cet opuscule, un extrait des conférences que je fais dans nos vignobles, sur la viticulture, au nom de la Société d'Horticulture de Nancy.

Cette publication n'est pas un traité complet de la viticulture, elle est consacrée plus particulièrement à l'étude de la vigne, sa culture et sa taille, dans le vignoble lorrain.

Les améliorations que je propose dans les diverses opérations de culture pour la vigne ne sont pas nouvelles, elles sont toutes basées sur les lois qui régissent la végétation ; j'ai la conviction que la connaissance de ces règles, fera disparaître une des causes de l'état d'affaiblissement des vignes, occasionné par les divers procédés de culture employés jusqu'alors, faute d'enseignement.

DE

LA VIGNE

EN LORRAINE

La Vigne à vin « Vitis vinifera » famille des Ampélidées, est un arbrisseau grimpant et sarmenteux, originaire de l'Asie.

Dans notre région elle demande de la chaleur pour mûrir son fruit.

Ce n'est qu'à l'aide de soins combinés avec ses exigences, d'opérations basées sur les lois qui régissent sa végétation, qu'on arrive sûrement à lui faire produire des fruits qu'elle ne donnerait pas, si elle était abandonnée à elle-même comme la plupart de nos arbres fruitiers.

La culture de la vigne qui est une source de prospérité et même de fortune, lorsqu'elle est conduite avec connaissance, devient une cause de ruine et de misère entre les mains d'un vigneron qui n'a aucune donnée sur la vie de l'être qu'il dirige.

Roger Schabol, qui écrivait en 1797, disait : « que tous les vignerons qui n'ont aucune connaissance de la physiologie végétale, ne travaillent qu'au dépérissement et à la destruction des vignes » ; et il ajoute que : « si malgré le mauvais traitement qu'elles éprouvent, elles ne laissent pas de produire du fruit, quelles seraient leur abondance et la qualité du vin, si elles étaient gouvernées tout différemment. »

Le succès de la viticulture en Lorraine tient aux diverses opérations qui se relient l'une à l'autre et dont la combinaison sera faite en sorte que les effets de l'une ne soient pas détruits par les effets de l'autre.

Les connaissances indispensables à la viticulture pour assurer le plein succès de cette section de l'agriculture, sont :

1° Les lois qui régissent la végétation de la vigne.

2° Le sol et l'exposition qui lui conviennent le mieux.

3° Le meilleur mode de multiplication et de plantation.

4° Le genre de culture annuelle de la surface du sol.

5° Le provignage et l'ébarbage des racines.

6° La forme et la taille du cep.

7° L'ébourgeonnement, le pincement et le palissage en végétation.

8° Les cépages qui conviennent au sol et au climat.

9° Les engrais et leur emploi.

10° Les maladies et insectes nuisibles et les moyens de les combattre.

11° Les gelées de printemps et les moyens d'en préserver les vignobles.

12° La récolte et la vinification.

Chacune de ces questions a son importance ; on ne saurait mener à bien l'exploitation d'un vignoble sans posséder à fond ces connaissances, qui sont les bases de l'enseignement général de la viticulture.

Ce sont les huit premières questions énoncées que je vais exposer.

Je remets l'étude des questions concernant le greffage, les engrais, les maladies, les gelées de printemps, la récolte et la vinification à une autre publication.

LOIS NATURELLES
qui régissent la végétation de la vigne.

C'est par l'étude des diverses parties qui constituent l'ensemble d'un cep et le fonctionnement de ses organes qu'il faut commencer. Cette partie de la botanique qu'on nomme anatomie et physiologie végétale, renferme toutes les lois qui régissent la végétation. Celui qui connait bien ces lois, se rend toujours facilement compte de ce qu'il fait ou de ce qu'il veut faire ; il ne s'expose pas à établir des systèmes, qui, n'étant basés sur aucune règle, ne produisent que des victimes de tentatives hasardées ; il atteint toujours le but qu'il se propose.

Les organes essentiels de la nutrition, ceux qui servent à la nourriture et au développement du cep, sont : les racines, les bourgeons et les feuilles ; l'élément nutritif est la sève.

Les organes de la reproduction sont la fleur et le fruit.

Organes de la nutrition.

C'est surtout sur l'action de la sève que je désire attirer l'attention du vigneron.

La sève est puisée dans le sol par les racines ; mais le cep ne se nourrit pas seulement que des sucs puisés dans le sol par les racines : toutes ces parties, surtout les feuilles, sont percées d'une multitude de petits trous ou pores invisibles à l'œil et par lesquels elles absorbent une partie des fluides contenus dans l'air.

La sève, venant d'être puisée dans le sol par les racines, est presque entièrement semblable à de l'eau, elle monte dans le cep en passant par les vaisseaux des couches de bois, ou pour mieux dire, dans l'intérieur du cep en allant jusqu'aux feuilles ; dans ce trajet elle ne sert qu'à charrier les éléments nutritifs que les racines ont trouvés et puisés dans le sol. Arrivée dans les feuilles, sous l'action de la lumière, elle y subit le travail de l'élaboration, de la respiration et de la digestion ; pendant ce travail, elle se débarrasse de son eau surabondante. Complétée par les éléments nutritifs que les feuilles puisent dans l'air, la sève devient plus épaisse, plus parfaite, et prend le nom de cambium.

Ce cambium, ou sève parfaite, fabriqué par les feuilles, que les vignerons connaissent sous le nom de sève grasse, est renvoyé dans toutes les parties du cep pour servir seulement à son développement. C'est lui qui forme la nouvelle couche de bois, de nouveaux vaisseaux conducteurs de la sève, de nouvelles racines ; il porte en somme aux fleurs, aux fruits et à tous les organes de la plante, les substances nécessaires à leur développement.

On peut conclure que ce sont les feuilles qui jouent le rôle le plus important de la nutrition ; de leur nombre dépend la vigueur, la vie est en état d'activité tant que la plante développe de nouvelles feuilles. Le jour où pour une cause ou pour une autre, les feuilles viennent à disparaître, ou même à être limitées comme nombre par des opérations de pincement ou d'épamprement mal comprises, le fonctionnement des racines s'arrête, le cep entre dans un repos complet, les bourgeons ne s'allongent plus, les grappes, qui ne sont pas à grosseur et qui ne sont pas arrivées à maturité le jour de la disparition des feuilles, ne grossissent plus et restent en vert-jus. L'action de la chaleur et de la lumière est nulle sur la maturité, après la disparition prématurée des feuilles.

Les feuilles sont donc indispensables, non-seulement pour permettre aux grappes d'arriver à leur maturité complète, mais aussi à la formation des yeux qui se trouvent à leur aisselle et qui doivent donner les bourgeons fructifères de l'année suivante. Une des causes de l'infertilité des ceps est dûe à la disparition des feuilles avant l'époque normale où leurs fonctions cessent et où elles doivent tomber, ou pour mieux dire, avant l'époque où l'œil qu'elles sont chargées de former à leur aisselle soit complètement terminé.

Organes de la reproduction.

La fleur est la partie où se trouve les organes essentiels de la reproduction.

Ces organes sont mâles et femelles.

Les organes mâles sont les étamines, elles sont terminées par une petite poche ou sac qui renferme une poussière fécondante appelée pollen ; cette poche se nomme anthère.

L'organe femelle est le pistil qui se trouve au centre de la fleur, il surmonte l'ovaire ou rudiment de la graine, et se termine par un petit renflement, nommé stigmate, enduit d'une liqueur visqueuse.

Au moment de l'épanouissement de la fleur, les organes sexuels accomplissent le phénomène le plus important de la végétation, qui est la fécondation ; les poches de l'anthère s'ouvrent, le pollen en sort et tombe ou est porté par le vent ou les insectes, sur le stigmate du pistil, et s'y colle ; les petits grains vésiculeux qui composent cette poussière se crèvent, et le liquide fécondant qui en sort, traverse le stigmate et le pistil, et va donner la vie aux ovules renfermés dans l'ovaire.

Pour que les grappes grossissent et donnent des graines fertiles il faut que la fécondation se soit faite dans de bonnes conditions, autrement si une cause quelconque s'y oppose, telle que la gelée qui détruit les organes sexuels, une pluie froide, prolongée, lavant continuellement le pollen ; la fécondation n'a pas lieu, les jeunes graines tombent, c'est ce qui fait dire aux vignerons que les grappes ont coulées.

Les causes de la coulure sont indépendantes de notre volonté, les pluies, les changements brusques de température, les insectes même, sont celles qui l'occasionnent le plus souvent.

Lorsque la fécondation s'est faite dans de bonnes conditions, les enveloppes de la fleur tombent ainsi que les organes sexuels, l'ovaire continue de croître ; en grossissant il donne une graine qui renferme les semences dans une pulpe enveloppée d'une peau ou épiderme, et dont l'ensemble forme la grappe.

La graine ou baie de ces grappes renferme un sucre abondant associé dans la pulpe à un acide végétal, l'acide tartrique, qui donne au fruit frais son agréable saveur, se concentre dans le fruit sec, et communique au suc la propriété de fermenter, permet de les transformer en boisson, la plus estimée entre toutes celles qu'on nomme alcooliques.

DU SOL ET DE SON EXPOSITION.

La vigne en Lorraine se plante généralement sur le versant des coteaux à bonne exposition, ce qui n'empêche pas les versants exposés à l'est et à l'ouest même de donner aussi de bons vins.

Quant à la nature du sol, la vigne n'est réellement pas difficile, on la voit prospérer partout lorsqu'elle est bien exposée, et que la culture est bien comprise.

MODE DE MULTIPLICATION.

Le mode de multiplication qu'on emploie le plus souvent en Lorraine est la bouture, la crossette et la marcotte.

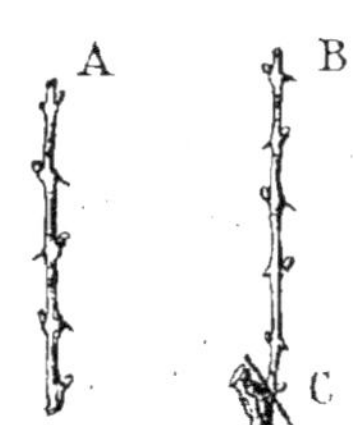

Fig. 1.

A. Bouture.
B. Crossette.
C. Coupe du vieux bois.

La bouture est un sarment de l'année (Fig. 1), coupé nettement sur un bouton, que l'on plante à demeure ou en pépinière à une profondeur de 0^m20 à 0^m25, taillé sur un bouton hors de terre.

Les sarments pour boutures sont au moment de la taille, mis en bottes, conservés le pied dans l'eau, ou en jauge au frais et à l'ombre, et plantés au commencement de mai.

Pour faciliter le plus grand développement de racine, on enlève à la base de chaque bouture et de chaque côté une petite lanière d'écorce de 0^m004 de largeur et de 0^m10 environ de longueur. Cette opération donne des boutures décortiquées ; cette pratique n'est pas nouvelle ; le docteur Guyot dit : « Depuis plus d'un siècle à Muret et à Toulouse, on est dans l'habitude d'enlever l'épiderme de la partie de la bouture qui doit être mise en terre ».

La bouture se plante en ligne à 0^m10 les unes des autres, en donnant à chaque ligne une distance de 0^m30 à 0^m35.

La crossette (Fig. 1 B) est semblable à la bouture, c'est un sarment muni à sa base d'une portion de bois de deux ans ; ce bois de deux ans n'est pas nécessaire à la reprise, ni à la formation de nouvelles racines, on le supprime sur l'empattement de la bouture, au moment de la plantation (Fig. 1 C).

La marcotte (Fig. 10) est un sarment de l'année qu'on ne détache pas du pied et que l'on couche en terre comme un provin; il prend racine pendant un an ou deux, pour être mis ensuite en place en la détachant du pied-mère.

PLANTATION.

Préparation du sol.

La préparation du sol pour la plantation se fait au moyen d'une bonne culture profonde autant que possible, ou par le défoncement; ces deux méthodes ont donné chacune des résultats qui ne permettent pas de se prononcer contre l'une ou contre l'autre de cette façon d'agir.

Quoique le défoncement soit une bonne opération, il n'est pas toujours d'une nécessité absolue : une bonne culture de propreté est, le plus souvent, plus que suffisante ; l'expérience l'a assez démontré. La profondeur de cette culture sera de 0m20 à 0m25, le Docteur Guyot ne conseille que 0m10 à 0m15, et prétend que les résultats sont plus beaux que dans un terrain trop défoncé.

Lorsqu'on défonce un sol, dont la couche arable a peu d'épaisseur surtout, il n'est pas prudent d'aller trop profondément ou d'amener à la surface une trop grande hauteur du sous-sol. Il sera préférable de cultiver le sous-sol sur place, sans l'amener à la surface; cette opération aura l'avantage de permettre aux agents atmosphériques de pénétrer et d'agir plus profondément dans le sol, et de former drainage à la couche arable de la surface.

C'est surtout l'excès d'humidité dans le sol que redoutent les racines de la vigne; en remuant un sous-sol imperméable, on reporte l'écoulement des eaux à une plus grande profondeur ; elles deviennent par là moins nuisibles au développement des racines.

Le défoncement du sol se fait à une profondeur de 0m30 à 0m50, on le pratique à la pioche, nommée hoyau ou croc, ou à la charrue.

Mode de plantation.

Pour la plantation, on emploie des pieds enracinés de boutures ou de marcottes ou tout simplement des sarments que l'on plante verticalement.

L'expérience a démontré que le sarment de la taille dépourvu de vieux bois à sa base, vaut autant qu'un plant enraciné.

La mise en place des boutures non enracinées verticalement (Fig. 2) est connue de nos vignerons sous le nom de plantation à la broche ; le sarment-bouture est coupé sur un bouton, planté à l'aide d'un plantoir, d'une cheville en bois ou d'une broche en fer, à 0m20 ou 0m30 de profondeur, on le serre du pied, puis on le taille sur un ou deux boutons au-dessus de terre; par mesure de précaution, il est bon de buter chaque bouture jusqu'à hauteur du dernier bouton, afin de la mettre complètement à l'abri de l'action desséchante de l'air.

C'est généralement dans le mois de mai que l'on pratique avec avantage la plantation après avoir mis en stratification les sarments à planter, c'est-à-dire, enterrés en les couchant complétement dans le sol, à 0ᵐ30 ou 0ᵐ40 de profondeur, ou tout simplement conservés le pied dans l'eau.

Ces plantations se feront en ligne, et resteront de franc de pied sans aucun provignage, jusqu'à épuisement du sol et des ceps ; ce qui a lieu en Lorraine tous les 25 à 60 et même 100 ans.

Les lignes seront dirigées du nord au sud, afin qu'elles ne s'ombrent pas les unes les autres, et qu'elles soient éclairées également par le soleil levant et le soleil couchant.

Fig. 2.
Plantation verticale à la broche.

Pour assurer le succès de la plantation, il serait bon de couvrir la terre autour de la bouture d'un pallis, de l'arroser même, et d'avoir une pépinière de pieds en réserve, pour avoir sous la main les pieds nécessaires à remplacer ceux qui n'auraient pas repris.

Si on emploie des boutures enracinées, il convient de les arracher convenablement, afin d'avoir toutes les racines, et de les respecter au moment de la plantation. On se gardera bien de les supprimer en les coupant très courtes, à un demi-centimètre de longueur comme le font encore bien des vignerons sous prétexte que la plante doit en refaire de nouvelles. J'ai la conviction que les planteurs à la tâche n'adoptent cette règle que pour permettre la mise en place beaucoup plus rapidement.

Au lieu de couper les racines, à la mise en terre, on fera un trou proportionné en largeur à leur longueur et à très peu de profondeur, on plante les pieds à la façon d'une griffe d'asperge, en plaçant toutes les racines dans leur direction naturelle, qui sera horizontale autant que possible, et séparées les unes des autres dans tous les sens, et par étage lorsqu'il y a plusieurs séries de racines (Fig. 3).

Malgré toutes ces précautions, les pieds plantés enracinés ne donnent pas des ceps aussi robustes que les pieds plantés de bouture ; les racines de la vigne se ramifient difficilement, les nouvelles racines ne se développent que sur les sarments d'un an ; d'après cette règle fondamentale, la vigueur des ceps plantés de boutures enracinées se trouve compromise, c'est une raison pour laquelle on plante encore les boutures enracinées dans des tranchées, en les plaçant dans le fond horizontalement et en enterrant non-seulement la portion de tige enracinée, mais aussi une portion de sarment d'un an que l'on relève verticalement et sur lequel se forment les nouvelles racines ; dans ce cas les racines de la bouture ne servent qu'à la reprise ; elles disparaissent après l'apparition des nouvelles.

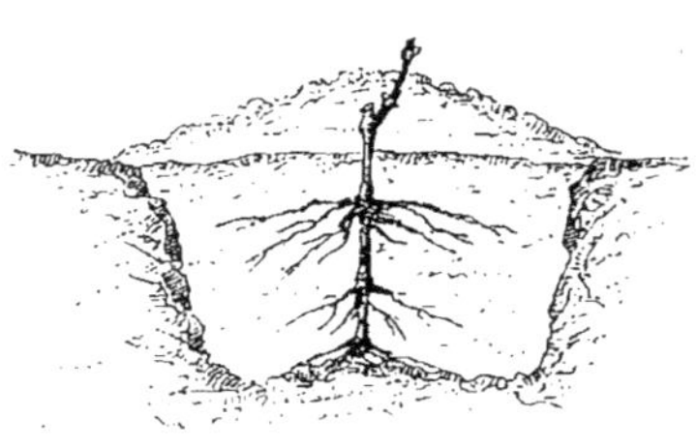

Fig. 3.
Plantation du pied enraciné.

Plantation en fosse.

La plantation en fosse se pratique encore beaucoup en Lorraine. C'est à la culture trop profonde de la surface qu'est dû ce mode de plantation ; il a pour but de placer les racines hors de la portée des instruments tranchants employés à la culture du sol. Ces fosses ont 0m30 à 0m50 de profondeur, la terre qui en provient est placée en cavalier sur l'intervalle conservé entre deux fosses ; la plantation se fait au fond de ces fosses en amenant les sarments dans la position verticale contre les parois de la fosse.

A la troisième ou à la quatrième année de végétation, le recouchage ou provignage comble les intervalles, complète le nombre des ceps et sert en même temps au défoncement du sol.

On ne peut s'expliquer cette opération ; le défoncement dans lequel on introduit des engrais et des amendements est une opération qui a pour but l'amélioration de la couche arable destinée au développement des racines ; la plantation en fosse place les racines au-dessous de cette couche arable, dans le sous-sol où elles y dépérissent ; la bêche en retournant annuellement la terre de la surface, empêche la vigne de profiter de ces éléments nutritifs.

Placer des convives autour d'une table bien servie, avec une barrière qui ne leur permettra que la vue des mets, est une disposition qui les ferait mourir de faim devant toute cette préparation et cette abondance.

Culture du sol nouvellement planté.

Les travaux de culture pendant l'année de la plantation se bornent à entretenir le sol en état de propreté et d'ameublissement par plusieurs bêchés superficiels dans le cours de l'année.

Entretien du plant.

Les boutures ou plants pousseront en toute liberté pendant l'année de plantation. On se

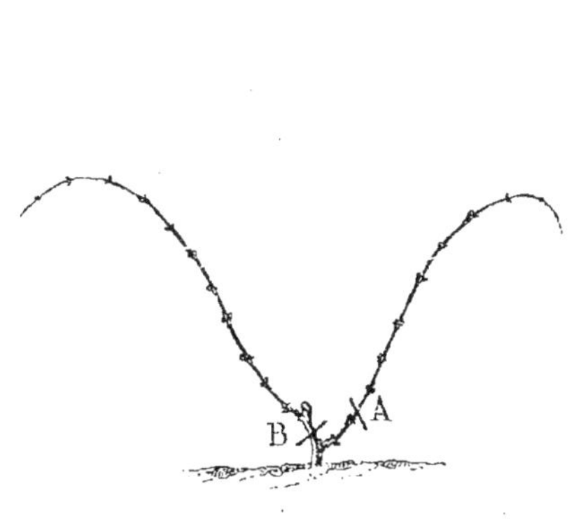

Fig. 4.
Première taille.
A. Taille du sarment le plus près de terre.
B. Taille sur le sarment le plus près de terre.

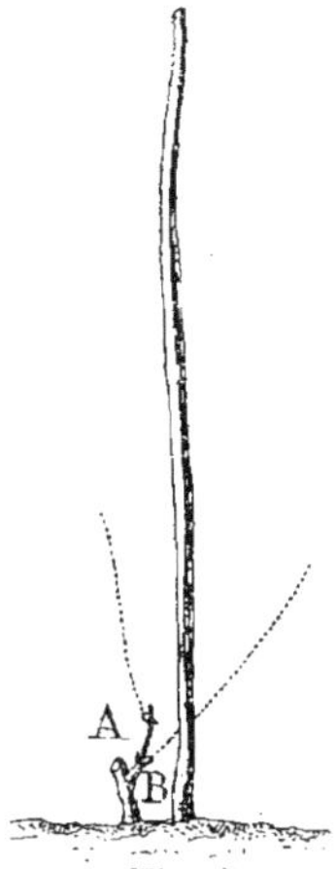

Fig. 5.
Première taille
opérée sur deux boutons A B.

gardera bien de supprimer ou de pincer quoi que ce soit ; l'appareil de racine sera en rapport avec le nombre de bourgeons et surtout le nombre de feuilles que la plante aura donné.

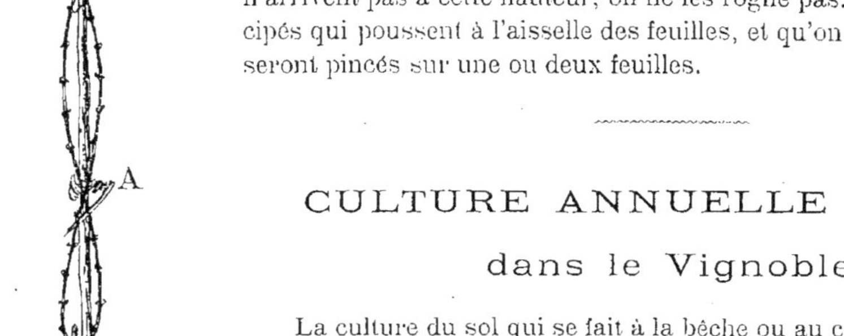

Fig. 6.
**Deuxième année
de plantation.**

A B. Liure à l'échalas.
C. Rognure au-dessus de
l'échalas.

La première taille ne conserve que deux boutons sur le plus beau sarment et le plus rapproché du sol (Fig. 4), les autres sont supprimés.

En végétation qui suit cette première taille, les deux bourgeons partant de ces deux boutons (Fig. 5 A B) poussent librement, les autres sont supprimés à leur naissance en ébourgeonnement.

On les relève à un échalas à l'aide de deux liures de paille (Fig. 6 A B), puis on les rogne au-dessus à 1ᵐ50 environ de hauteur, C; s'ils n'arrivent pas à cette hauteur, on ne les rogne pas. Les bourgeons anticipés qui poussent à l'aisselle des feuilles, et qu'on nomme entre-feuilles, seront pincés sur une ou deux feuilles.

CULTURE ANNUELLE DU SOL

dans le Vignoble.

La culture du sol qui se fait à la bêche ou au croc à plus de 0ᵐ05 de profondeur, trouble profondément la vie de la vigne par la destruction de ses meilleures racines.

Maints exemples font voir que la vigne est d'autant plus faible et plus stérile que la culture est faite plus profonde ; les propriétés que l'on donne aux labours profonds sont dûes à l'absence de toute réflexion.

Les racines de la vigne sont traçantes et pivotantes; ce sont celles qui partent du collet, qui, contrairement à ce que l'on dit souvent, donnent à la plante le maximum de sa vigueur.

Labourez peu et superficiellement, trois ou quatre fois l'an, la vigne ne s'en trouvera pas plus mal.

Ces cultures connues dans notre région sous le nom de béchages ou de binages ont pour but :

1° La destruction des mauvaises herbes.

2° L'ameublissement de la surface du sol pour permettre à l'action fertilisante des agents atmosphériques d'y agir convenablement.

3° D'établir un obstacle à l'excès de sécheresse qui pénétrerait trop profondément dans le sol.

4° D'empêcher la terre de se crevasser.

Dans les terres fortes, une culture au croc faite avant l'hiver grossièrement, serait des plus avantageuses pour obtenir l'ameublissement du sol convenablement.

Quelques passages d'un article de M. de la Bastie, Président de la Société Pomologique de France, publié dans son bulletin n° 5 du 1ᵉʳ septembre 1888 et reproduit dans le bulletin n° 4 de la Société centrale d'Horticulture de Nancy de la même année, permettront d'apprécier la valeur des cultures profondes.

« Si vous travaillez vos vignes avec le croc lyonnais ou bourguignon (joli instrument muni de deux dents de 0^m25 à 0^m30 de longueur), vous faites une ....., je suis tenté de mettre bêtise, et j'écris *faute* pour être parlementaire. Si vous employez la bêche, qu'elle soit française ou américaine, vous commettez la même erreur ; si vous vous servez de la charrue, vous n'opérez pas mieux. La vigne, comme aussi tous les arbres et arbustes, n'aime pas plus la mutilation de ses racines, que vous les coups de bâton sur les tibias. Au lieu de la bêcher, de la piocher ou de la labourer, à 12, 15, 20 et même 25 centimètres de profondeur, râtissez-la à 3 ou 4 centimètres ; elle s'en trouvera à merveille et vous encore mieux. Il n'y a qu'à regarder autour de soi ; on voit les vignes plantées dans les cours pavées, sablées, abandonnées, se porter mieux et pousser mieux que celles subissant la pioche ou la bêche........ Dans mon vignoble, la râtissoire a depuis longtemps remplacé la bêche. Mes vignes en espaliers comme celles en lignes au vignoble, ont une luxuriante végétation ; elles ne sont ni bêchées ni piochées ; contre les murs, le terrain sert d'allée et il est donc très foulé. Une seule fait exception......: bêchée et fortement fumée chaque année, cette vigne a toujours montré une vigueur des plus médiocres et une fertilité laissant beaucoup à désirer.

« Pour me rendre compte de l'effet de la bêche ou de la pioche, j'ai livré à un vigneron du Beaujolais trois lignes de vigne ; le fumier n'a pas été épargné, les façons ont été faites avec le croc comme dans les vignobles ; l'expérience a duré deux ans pendant lesquels la végétation et la production ont diminué des deux tiers. J'ai livré au même vigneron, pour les fumer moitié à l'engrais chimique, moitié au fumier de ferme, cent quarante ceps vigoureux et fertiles, placés en espaliers, même résultat : presque pas de raisin et des pousses faibles.

« J'ai repris la râtissoire et avec elle sont revenues la fertilité et la vigueur..... Je citerai comme hors-d'œuvre une chose qui m'a été affirmée par plusieurs : c'est que les vignerons font encore subir à leur vigne une opération peu connue. Quand la vigne a quatre ans, on lui enlève toutes les racines situées près de terre ; il paraît que c'est pour la faire vivre plus longtemps. »

Répondant à une lettre, faisant part de ces expériences, M. J. Daurel, Président de la Société d'Horticulture de la Gironde, viticulteur expérimenté, s'exprime ainsi :

« Je suis très partisan de votre manière de voir sur les façons à donner à la vigne ; du reste, ces idées ont cours aujourd'hui. J'ai reçu, il y a huit jours, la visite d'un propriétaire des environs de Montauban qui cultive un vignoble de 51 hectares en sarclant seulement ses vignes. Depuis six ans qu'il procède ainsi, il n'a plus de phylloxéra, ou tout au moins il a une vigueur de végétation exubérante ; il ne savait où loger son vin l'an passé, et à côté de lui, ses voisins qui labourent leur vignoble ne font plus de vin. »

Au sujet du phylloxéra, qui, on le sait, est à nos portes, M. de la Bastie a la conviction que la culture superficielle est un bon moyen pour enrayer son développement ; à ce sujet voici ce qu'il dit :

« Je ne sais si le sarclage ou le râtissage, ce qui est à peu près la même chose, aura raison du phylloxéra. Je suis pourtant assez tenté de le croire, car un terrain non remué, serré par les pluies et foulé, doit singulièrement gêner les évolutions de l'insecte. On dit depuis longtemps, et j'ai pu le constater en maints endroits, que les vignes placées contre les murs, dans les cours, les rues des villages, les routes, etc., ne sont jamais attaquées, ce qui prouverait encore que le phylloxéra ne peut vivre dans les terrains foulés et non remués......

« Si le phylloxéra existe dans mes vignes, ce qui est bien possible, il ne manifeste sa présence que dans la partie béchée et fumée......

« Je suis donc absolument convaincu que le labourage, le piochage et le béchage sont très nuisibles à la vigne, qu'ils doivent être remplacés par le râtissage exécuté avec la râtissoire à main et la râtissoire à cheval.

« L'instrument ne pénètre pas à plus de deux, trois ou quatre centimètres de profondeur, ne touche jamais les racines, procure une grande économie de temps et de main-d'œuvre, car il permet de supprimer certaines façons longues et coûteuses.

« Qu'on ne dise pas avant d'avoir expérimenté : la méthode ne vaut rien.... »

ÉCHALAS.

L'échalas (Fig. 6 D) est le tuteur que l'on plante dans les vignobles de notre région, au pied de chaque cep, pour soutenir les bourgeons trop faibles ou trop élancés de la vigne dans la position verticale ; leur enfoncement au pied des ceps se nomme ficher ou échalasser ; cet échalas est nécessaire pour y attacher les bourgeons de la vigne pendant leur végétation au moyen de une ou deux liures de paille de seigle.

L'opération de l'échalassement ou du ficher se fait, soit en les alignant au point de vue du coup d'œil, soit en les plaçant du côté du nord pour abriter le cep contre la gelée du printemps, ou au-dessus du cep sur le terrain en pente, comme le sont la plupart de nos vignobles en coteaux (Fig. 7). Toutes ces attentions sont bonnes, si elles ne remplissent pas toujours le but que l'on se propose, elles ne font, dans tous les cas, pas de mal ; l'essentiel est qu'ils soient enfoncés assez profondément pour permettre à l'échalas, en soutenant les bourgeons de la vigne, de résister à l'action du vent sans tomber. La longueur qu'il doit avoir sera de 1^{m}20 à 1^{m}50 pour ne pas être exposé à pincer les bourgeons qu'il soutient trop court.

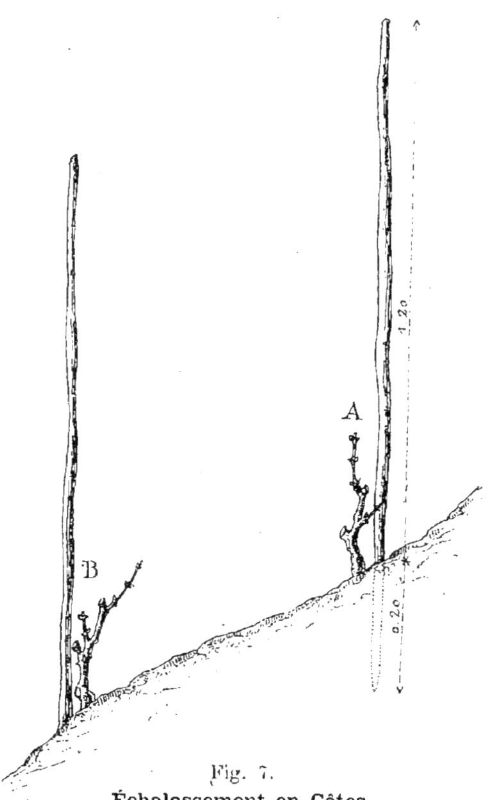

Fig. 7.

Échalassement en Côtes.

A. Bien fait. — B. Mal fait.

On pourrait objecter que l'opération de l'échalassement deviendrait fort difficile sinon impossible, si on ne cultive plus assez profondément ; cette objection ne serait pas fondée, en supprimant la culture profonde, on n'a pas à attendre que les terres soient desséchées ou hâlées pour ficher les vignes ; en pratiquant l'échalassement fin de février ou au commencement de mars, immédiatement après la taille, la terre est assez détrempée pour permettre cette opération convenablement, la culture du printemps faite après l'échalassement, fera disparaître toute trace de piétinement.

PROVIGNAGE.

Le provignage est l'opération par laquelle on enfouit dans le sol sur une plus ou moins grande étendue la tige de la vigne.

Cette opération, plus barbare qu'utile, a pour but, au dire de la majeure partie des vignerons :

1° De remplacer un cep mort.

2° De compléter le nombre des ceps d'une plantation faite à grande distance dans le but de cette opération.

3° Pour entretenir la vigne lorsqu'elle commence à se dégarnir ou à faiblir dans sa production.

4° Pour rabaisser les souches allongées par suite de tailles mal comprises.

5° Pour renforcer les racines qui sont jugées insuffisantes à l'extension du système aérien.

6° Pour rajeunir les vieilles souches et reconstituer de nouveaux ceps.

Le provignage est en usage dans un grand nombre de vignobles depuis des temps immémoriaux ; cette opération coûteuse, si contraire aux lois de la végétation, se fait maintenant avec hésitation. Il a comme inconvénient d'être plus coûteux que la plantation à nouveau, de produire des ceps moins rustiques et susceptibles de vivre moins longtemps.

Le seul avantage qu'il peut avoir, c'est la possibilité du remplacement des pieds morts et le repeuplement rapide des vides qui ne peut s'obtenir par l'introduction de nouveaux plants. Il est tellement peu nécessaire à un autre point de vue, que lorsque la vigne est trop affaiblie, malgré cette opération, elle ne produit plus de pousse capable de faire un nouveau cep.

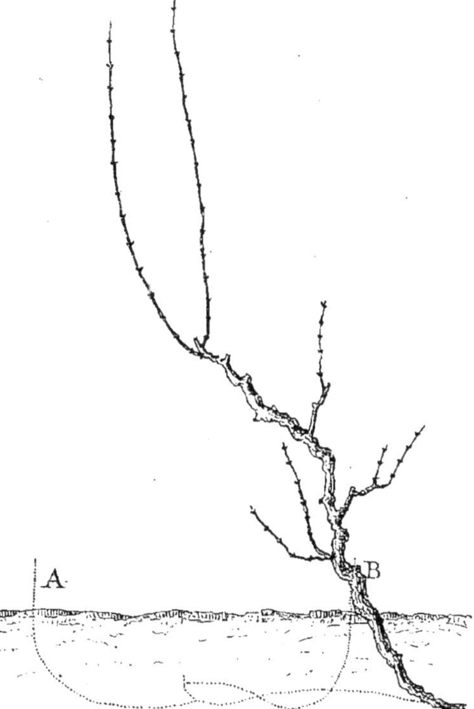

Fig. 8.

Provignage par enfouissement.

A. Place à combler.
B. Place de la vieille souche.

La tige de la vigne, pas plus que celle des autres espèces d'arbres fruitiers, n'est faite pour-être enfouie dans le sol par le provignage ; cette disposition contre nature ne la transforme pas en racine, sa constitution ne lui permet pas ; ce vieux bois aérien devenu par le provignage vieux bois souterrain. ne peut se transformer en véritable racine ; il reste vieille tige et vieux bois, et voilà tout.

Les ceps, qui proviennent du provignage, sont toujours alimentés par les racines de la souche qu'on a plantée ; plus cette souche sera éloignée, plus grande sera la difficulté qu'éprouvera la sève à circuler dans la longueur de cette tige enterrée, couverte bien souvent de nœuds et de plaies. par lesquels il s'en perd au point qu'elle n'a plus la force d'agir dans le cep qu'elle doit alimenter. Dans ces conditions, il n'est plus possible d'avoir des ceps assez vivaces et assez vigoureux pour assurer la production.

La meilleure preuve que l'on puisse donner à ce sujet en démontrant qu'il n'y a que les racines de la vieille souche qui servent à l'alimentation, et non la tige devenue souterraine par le provignage, en quel point elle se trouve, est que le vigneron se garde bien de couper cette tige dans les travaux que nécessitent ces opérations souterraines, car une fois coupée tous les ceps qui en proviennent meurent.

Par le provignage, la vieille souche subsiste toujours, elle n'est en réalité qu'un immense cep souterrain, dont les tiges fournies par les provins s'allongent à chaque opération ; on en trouve qui ont 20,

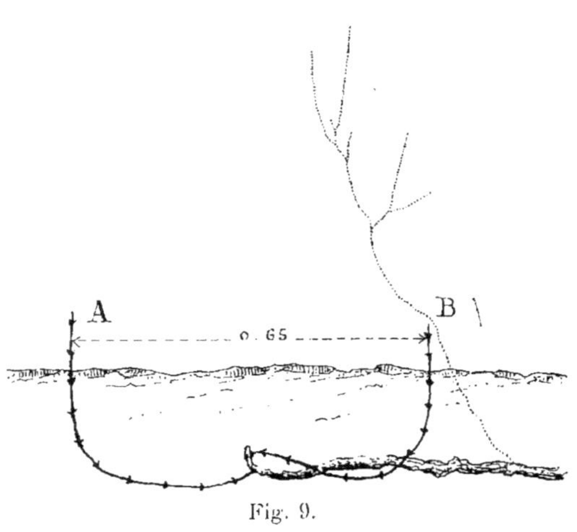

Fig. 9.

Provignage
par enfouissement de la vieille souche.

A B. Nouveaux ceps.

30 mètres et plus de longueur ; lorsqu'on arrache une vigne traitée par le provignage, on relève un lacis inextricable de tiges souterraines qui s'étendent au loin sous terre dans tous les sens.

Cette expansion souterraine de la vigne ne lui est pas favorable ; ces tiges placées dans de telles conditions, privées complètement de l'action de l'air et de la lumière, agents indispensables à leurs moyens d'existence, s'étiolent, s'atrophient, la vigueur et la fécondité s'abaissent singulièrement.

Le provignage est donc une opération qui épuise la vigne, appauvrit les racines de la souche, qui alors ne peuvent plus pourvoir à ses propres besoins, il engendre des maladies souterraines, difficiles à combattre et à faire disparaître.

La vigne à l'état naturel est un arbrisseau comme les autres, il ne possède pas de tiges souterraines auxquelles les vignerons donnent le nom de mère ; du collet ou nœud vital qui se trouve à fleur du sol, partent les racines dans toutes les directions, dans tous les sens et dans les profondeurs qui leurs sont naturelles.

Je ne reconnais l'utilité du provignage dans le vignoble que pour remplacer un pied manquant ; cette opération se pratique de plusieurs manières :

1° Provignage en couchant la souche dans l'intérieur du sol (Fig. 8, 9), un sarment A est conduit à la place du pied manquant, puis un deuxième sarment B est ramené à la place de la souche.

Pour assurer le succès de cette opération, il faut non-seulement enterrer la souche, mais aussi une partie des sarments d'un an sur lesquels se formeront les nouvelles racines.

2° Provignage par le marcottage ou sauterelle (Fig. 10) : on ne couche que le sarment à provigner A ; la souche n'est pas dérangée de sa place, et le sarment à provigner n'en est pas détaché, on l'enterre à environ 0^{m}10 ou 0^{m}15 de profondeur, en amenant l'extrémité du sarment au point du pied manquant. On le sépare de la souche à la première façon de culture, l'année qui suit celle de l'opération (Fig. 11 A B), en coupant le sarment nourricier dans le sol, auprès des premières racines et à son point de naissance sur la souche.

La première taille de ces deux genres de provins se fait sur deux boutons hors de terre, pour commencer la formation d'un nouveau cep.

La culture à la bêche ou au croc trop profonde, détériorant les racines des provins par marcottage, les fait périr ; ce genre de provignage ne peut avoir de succès qu'à la condition de prendre toutes les précautions nécessaires pour ne détériorer aucune racine ; de là, la nécessité de supprimer la bêche pour la culture du printemps.

3° Provignage Versadi (Fig. 12 A) recommandé par le Docteur Jules Guyot.

Sarment assez long pour se planter par son extrémité libre, ou par sa tête renversée, à la place de la souche morte ou détruite, sans être séparé de la souche qui le porte, après l'avoir taillé sur un bouton comme pour en faire la partie inférieure d'une bouture.

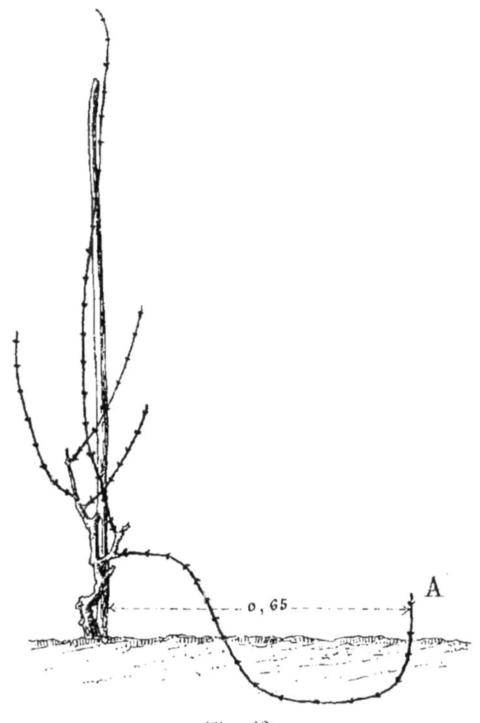

Fig. 10.

Provignage par marcottage ou sauterelle.

A. Sarment marcotté.

De tous les moyens employés pour remplacer un cep mort ou manquant, c'est le Versadi qui est le meilleur. On l'emploie avec succès dans l'arrondissement de Château-Thierry, dans les Charentes, dans l'Allier, dans la Dordogne, dans les Deux-Sèvres, aux Riceys dans l'Aube, en Seine-et-Oise, en Eure-et-Loire, etc.

Partout où on l'a appliqué, il donne des résultats merveilleux. Il sert non-seulement à donner des plants, ou à remplacer un vide produit par un cep mort, mais à augmenter la vigueur et à produire de plus belles récoltes (Fig. 14, 15).

Le Versadi se traite en végétation de trois manières différentes.

1° Au point de vue du remplacement (Fig. 13).

2° Au point de vue du remplacement et de la production (Fig. 14).

3° Au point de vue de la production (Fig. 15).

Au point de vue du remplacement (Fig. 13), en végétation, le sarment choisi comme Versadi, ne porte que deux bourgeons choisis à son extrémité le plus près de terre ; les autres sont ébourgeonnés à leur naissance.

On peut, sans aucun inconvénient, tirer parti de la production des bourgeons du Versadi ; pour cela, au lieu d'ébourgeonner ceux qui ne sont pas nécessaires à la formation du nouveau cep, en les laissant pousser, on les arrête en végétation, par un pincement sur trois ou quatre feuilles au-dessus des grappes ; les deux de la base (Fig. 14 B) se rognent au-dessus de la hauteur de l'échalas.

Lorsqu'on emploie le Versadi au point de vue de la production (Fig. 15), tous les bourgeons de ce sarment, enterré par son extrémité, sont traités comme bourgeons fructifères, en les pinçant sur quelques feuilles au-dessus du raisin.

Ce moyen s'emploie à Saint-Pourçain (Allier), pour augmenter la récolte et faire des plants enracinés qui sont excellents.

Le provignage pour compléter le nombre des ceps d'une plantation faite à grande distance dans le but de cette opération, n'a pas sa raison d'être, ce procédé retarde énormément l'époque de la récolte.

En plantant les pieds en nombre suffisant, et à leur place définitive, il y a une grande économie de main-d'œuvre et de temps, la production de la plantation directe apparait à la troisième année, tandis que l'opération du provignage reporte l'époque de la production à 5 ou 6 ans, avec une main-d'œuvre énorme, qui ne donne aucun avantage en faveur de la santé des ceps et de la production.

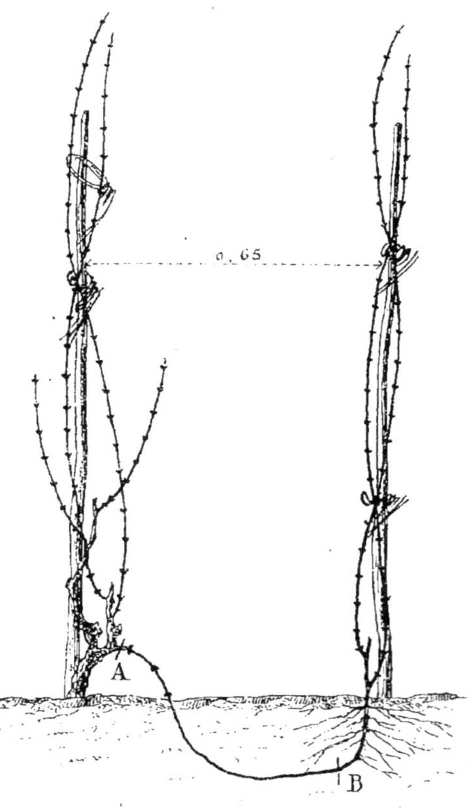

Fig. 11.

Provignage marcotté ou sauterelle.

A B. Sevrage.

Le provignage pratiqué au point de vue de la reconstitution d'une vigne épuisée par l'âge ou les mauvais traitements, doit être proscrit. Quand la vigne ne produit plus, par suite de vieillesse ou d'épuisement, il faut l'arracher et la planter à nouveau, après avoir reposé et employé le sol à d'autres cultures herbacées.

Cette manière d'entretenir la vigne est employée avec succès à la Chartreuse, près de Nancy. Le vignoble de cette Communauté est divisé en 25 lots ; tous les ans, un de ces lots est arraché, le sol est mis en culture d'avoine et de trèfle pendant deux ans ; puis sur un bon labour profond à la charrue, la vigne est replantée à la broche en ligne, pour être maintenue de franc pied, jusqu'au moment d'un nouveau remplacement.

Replantée rationnellement à nouveau, la vigne peut donner pendant 25, 30, 40, 50 ans et plus, sans faiblir ; on en connaît qui ont plus de 150 ans, n'ayant jamais été provignées, et dont la vigueur tient essentiellement du mode de culture, qui n'atteint jamais ses racines.

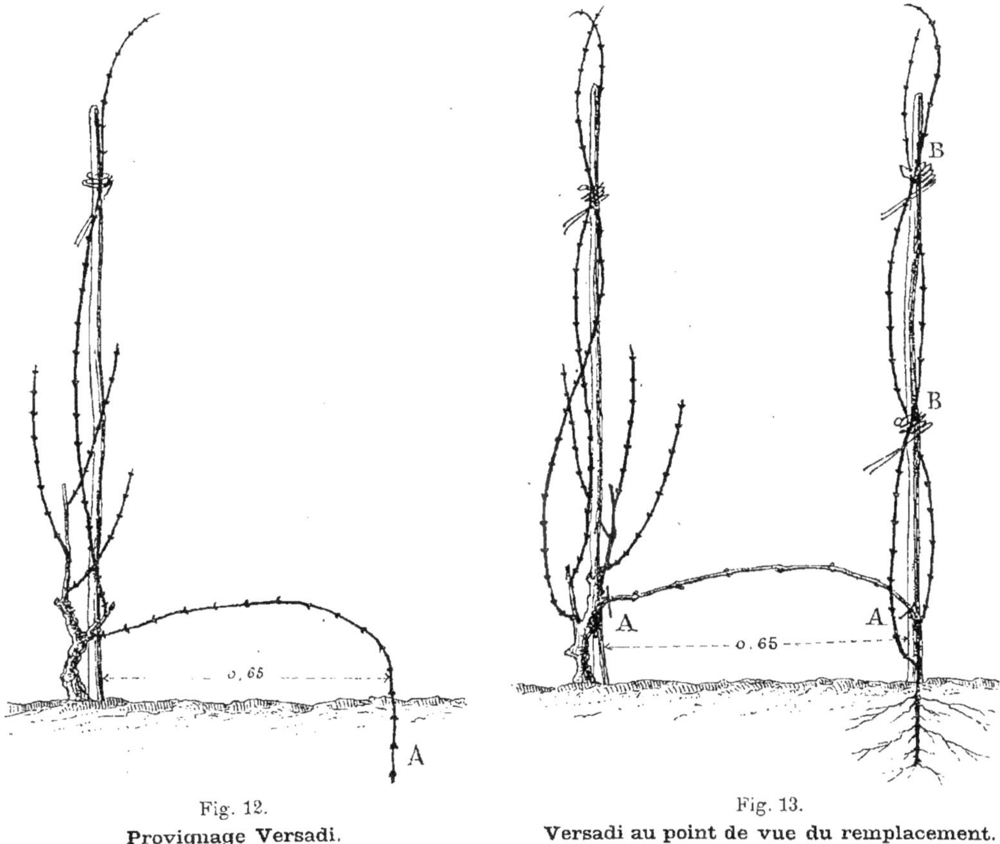

Fig. 12.

Provignage Versadi.

A. Sarment planté par son extrémité renversée.

Fig. 13.

Versadi au point de vue du remplacement.

A A. Sevrage du Versadi.

Le Docteur Jules Guyot résume comme il suit, les résultats déplorables du provignage : « Cette opération qui rend éternels les ceps originels, a de graves inconvénients ; elle brise toute espèce d'alignement, rend les courants d'air et l'action de la chaleur beaucoup moins énergiques, et entraîne des dépenses de main-d'œuvre et d'argent bien supérieures aux dépenses d'un arrachement et d'une replantation opérés tous les quarante ou tous les soixante ans, car cette opération coûte annuellement de 180 à 200 francs l'hectare, qui, épargnés pendant quarante ans seulement, formeraient un capital quadruple de celui nécessaire à la plus riche plantation ».

Mais ici se présente une question : la récolte sur franc pied serait-elle aussi abondante que la récolte sur provignage ?

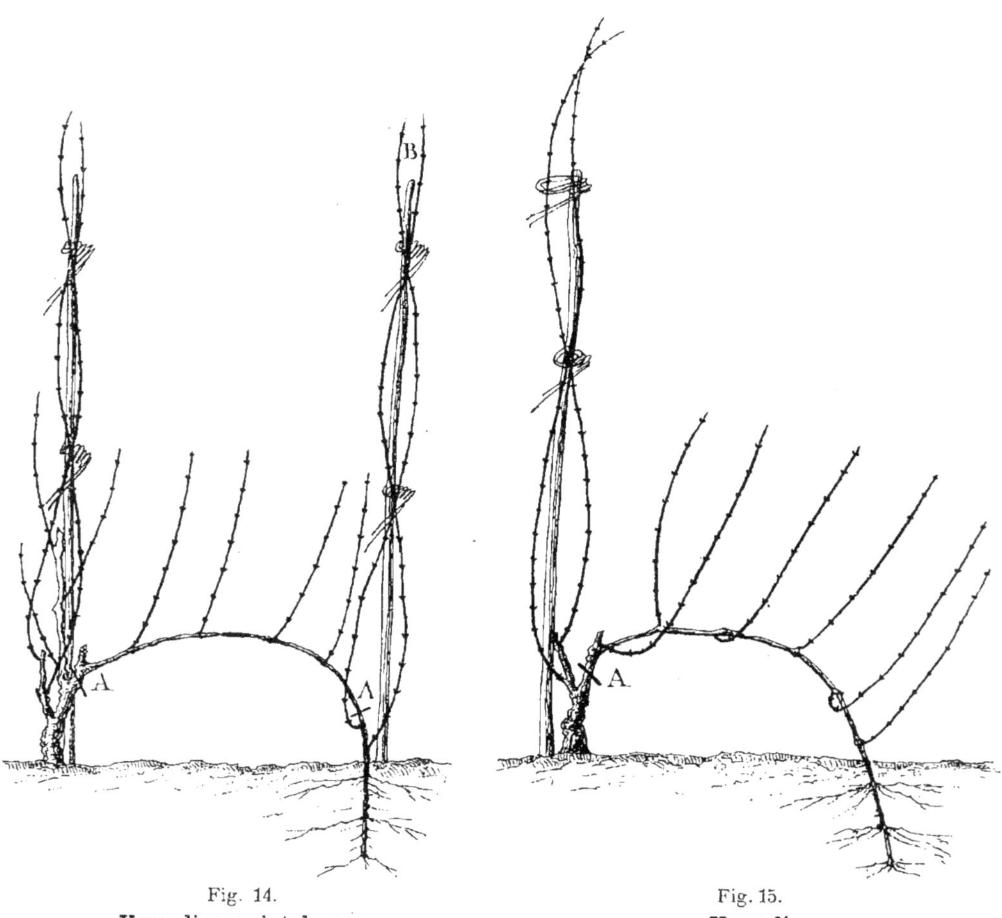

Fig. 14.
**Versadi au point de vue
de la production et du remplacement.**
A A. Sevrage du Versadi.

Fig. 15.
**Versadi
au point de vue de la production.**
A. Taille du Versadi.

Le Docteur Jules Guyot répond affirmativement, sans la moindre hésitation : « Pour ce qui est de l'abondance, le franc pied cultivé superficiellement, sans aucune destruction de racines, sagement étendu dans sa taille, produit et produira toujours avec plus d'abondance que les ceps provignés et cultivés trop profondément.

« Mercurey et Rully, dans l'arrondissement de Châlon-sur-Saône, en donnent la preuve pour les pineaux noirs ; Pouilly et Fuissé en donnent la preuve pour les pineaux blancs », et Dombasle, près de Nancy, en donne la preuve pour les Gamays ou grosses races.

Le provignage s'emploie encore pour rajeunir ou rabaisser un cep trop élevé par des tailles mal comprises ; M. Amblar, dans son Traité sur la culture de la vigne dans le pays messin, publié en 1876, page 121, s'exprime comme il suit, en faveur du provignage :

« Bien des personnes, ne connaissant la culture de la vigne que théoriquement, regardent les provignages comme inutiles. Voici les raisons pratiques qui militent en leur faveur : Par suite des tailles successives, les souches s'allongent, elles ne sont plus assez près de terre pour absorber sa chaleur. Les racines ont besoin d'être renforcées ; par suite de l'extension que le système aérien a pris, la vigne plantée depuis huit à dix ans, commence à donner moins. A cet âge, il est grand temps de la provigner. » Pour cela, on couche la souche, ou pour mieux s'exprimer en terme de vigneron, on met le cep à la jauge. — Malgré toute la pratique que peut avoir M. Amblar, j'ose lui affirmer en praticien moi-même, que cette opération ne produit qu'un état de souffrance de plus à celui que la vigne supportait déjà. En avançant qu'il n'y a que les théoriciens qui condamnent le provignage, M. Amblar se trompe ; et en donnant ce moyen, comme pouvant seul rabaisser ou rajeunir un cep, il démontre par là, que son expérience est bien limitée, et que l'on pourrait encore faire bien des choses, au point de vue de la reconstitution des vignes, avec tout ce qu'il ne connaît pas.

ÉBARBAGE.

L'ébarbage est l'opération par laquelle le vigneron coupe impitoyablement, soit avec la bêche ou avec une serpette, les racines qui naissent au collet de la plante. Cette coutume, aussi barbare que le provignage, se pratique dans toute la Lorraine. On ne s'explique pas une semblable opération ; ces racines sont tellement nécessaires à la vigne, qu'elle les reproduit tous les ans dans la jeunesse du cep ; ce sont les seules au reste qui vivent dans la partie du sol fécondé par le travail, les engrais et l'action des agents atmosphériques ; elles y trouvent les plus riches éléments et les absorbent au profit de la plante.

Le but principal du recouchage ou provignage consiste à créer artificiellement un système radiculaire nouveau plus nombreux et plus près du soleil ; ce but obtenu est détruit par l'ébarbage.

C'est la culture à la bêche ou au croc, que l'on donne trop profondément au sol, qui a fait adopter la coutume de l'ébarbage ; contrairement à ce que les vignerons disent souvent, c'est cette coutume qui a fait périr les ceps, et non la présence des racines qui naissent au collet de la plante.

M. Amblar, au sujet de l'ébarbage, nous dit encore : « Qu'il faut, au labour qui suit le provignage, couper le chevelu épais qui se forme autour du cep, à fleur de terre ; ce chevelu, dit-il, ferait périr le cep par la trop grande abondance de sève que ces spongioles attireraient. »

Cette définition ne dit rien, elle n'a aucun fondement, je pourrais même dire, qu'elle met M. Amblar en contradiction avec lui-même ; il conseille de provigner pour renforcer les racines, et en même temps, il recommande de les couper une fois obtenues.

On ne s'est jamais plaint de la grande abondance de sève dans nos vignobles ; tous les soins apportés à la plantation et à la culture, l'emploi des engrais, ont pour but d'entretenir et même d'augmenter la vigueur ; cette vigueur ne s'obtient que par l'abondance de sève chargée des éléments que les racines puisent dans le sol. L'épuisement et la mortalité des ceps ne viennent pas de la trop grande abondance de sève, le vigneron ne redoute pas l'excès de vigueur ; c'est toujours l'état d'affaiblissement des ceps qui le détermine à pratiquer le provignage, parce qu'il ne voit que cette opération pour rétablir la végétation affaiblie faute de sève.

Ce n'est pas après avoir donné le moyen de créer de nouveaux organes destinés à augmenter la quantité de sève qui ferait défaut, qu'il faut conseiller de les détruire. Le vigneron, dans ce cas, fera mieux de respecter scrupuleusement les racines qu'il a créées artificiellement par le provignage, puis d'utiliser la trop grande abondance de sève, qui, soyez en persuadé, ne fera jamais périr les ceps, et l'excès de vigueur obtenu, à l'alimentation de nombreuses grappes.

Le provignage combiné avec l'ébarbage n'est que l'extension de la tige sous terre ; ces opérations ne rajeunissent pas, ne renforcent pas les racines ; la souche qui n'était plus capable d'alimenter ses bourgeons et ses grappes au moment du premier provignage, est obligée, après avoir pratiqué cette double opération plusieurs fois de suite, d'alimenter un plus ou moins grand nombre de ceps. On conçoit facilement que cette vieille souche qui s'affaiblit de plus en plus avec l'âge, ne puisse donner assez de sève et de végétation à la multitude de ceps qu'on lui impose, et dont le nombre augmente au fur à mesure qu'elle s'affaiblit par la vieillesse et la vétusté.

Que reste-t-il à la vigne soumise à une culture profonde, à un provignage perpétuel accompagné de l'ébarbage, pour puiser dans le sol ses éléments nutritifs ? Au dire des vignerons, il reste la mère. Voilà une dénomination qui aurait besoin d'être définie.

Qu'entend-t-on par la mère ? Cette vieille souche et ces vieilles tiges souterraines, noueuses, usées, couvertes de nœuds et de plaies, qui laissent échapper la sève en circulation, qui, en imbibant le sol, amènent la pourriture et la décomposition de ses tiges, au point qu'elles empoisonnent la terre de champignons qui la stérilisent et qui s'opposent à toute végétation. Voilà la mère que les vignerons créent et imposent à la vigne par leur ignorance.

En 1890, à Aingeray, près de Toul, M. Allié, vigneron, et M. Maire, instituteur, défrichaient plus de deux ares de vigne pour rechercher, d'après mes indications, la cause de la jaunisse qui attaquait la plupart des ceps. Ils mirent à découvert une vieille souche dont les tiges ramifiées dans le sol avaient plus de 8 mètres de longueur et alimentait 21 ceps ; ces tiges souterraines étaient moitié décomposées, pleines de moisissure, elles n'avaient en tout que quelques rares racines qui se brisaient au moindre choc.

M. Suby, Président de la Section de Viticulture de la Société d'Horticulture de Nancy, estimait à l'examen du dessin de cette souche, que M. Maire a bien voulu me donner, qu'elle avait subi dix à douze opérations de provignage. En admettant un intervalle de dix ans entre chaque opération, la vieille souche âgée de plus de cent ans, était obligée d'alimenter 21 ceps, quand à l'âge de dix ans elle subissait le premier provignage pour rétablir la vigueur qu'elle n'avait déjà plus à ce moment pour alimenter un cep. Il n'était plus étonnant, dans ces conditions, que les 21 ceps de cette souche entre la vie et la mort, atteinte par la jaunisse ou chlorose, ne produisaient plus rien que des travaux pénibles et cela depuis longtemps.

Je garantis que ce vigneron est guéri pour longtemps de toutes ces opérations barbares ;

je compte bien qu'il ne sera pas le seul de cet avis et qu'il ne tardera pas à avoir beaucoup d'imitateurs.

Ajoutez aux cultures trop profondes, au provignage et à l'ébarbage, qui s'opposent au développement des racines de la vigne, le pincement rigoureux qu'on lui fait subir pour refouler la sève dans les grappes, et qui s'oppose au développement des feuilles et des bourgeons, vous aurez l'explication de l'état d'affaiblissement et de l'état de dépérissement de la majeure partie des vignobles lorrains.

FORME DU CEP LORRAIN.

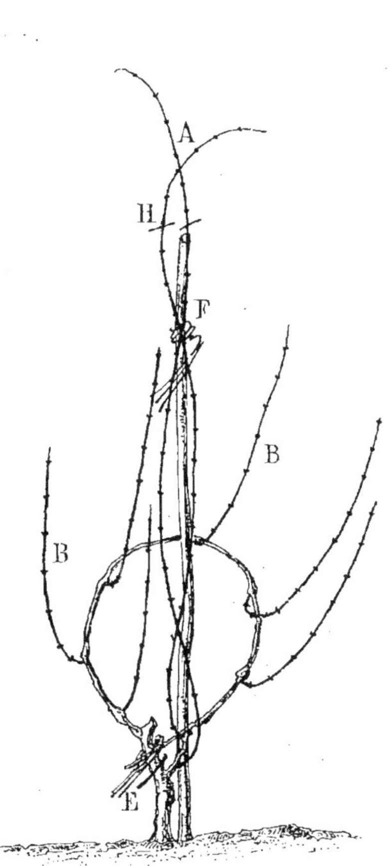

Fig. 16.

Méthode lorraine pour les fines races.

A. Montants ou sarments de remplacement.
B. Sarments fructifères. — E. Taille de la couronne.
F. Liure à l'échalas.—H.Rognage des montants.

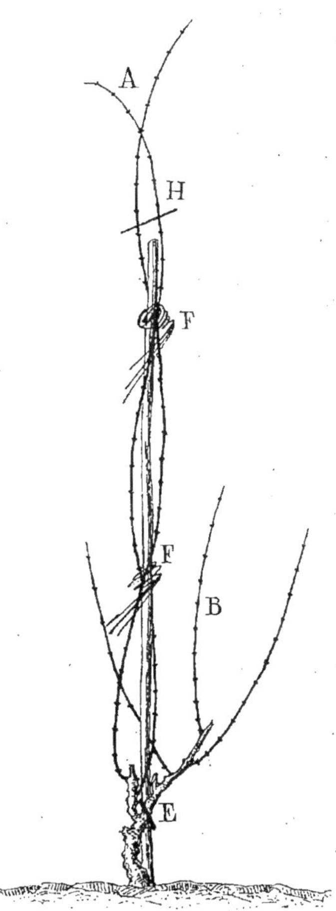

Fig. 17.

Méthode lorraine pour les grosses races.

A. Montants ou sarments de remplacement.
B. Sarments fructifères. — E. Taille des sarments fructifères.
F. Liures à l'échalas. — H.Rognage au-dessus de l'échalas.

Les ceps, dans le vignoble en Lorraine, se présentent sous deux aspects différents : les uns taillés à sarments longs et les autres taillés à sarments courts.

La taille à sarments longs (Fig. 16), c'est-à-dire, en branches à bois et en branches à fruits, est adoptée pour les fines races : Pineau noir, Pineau gris, Pineau blanc, Meunier, etc.

La taille à sarments courts (Fig. 17) s'applique au Liverdun, au Gouais, aux gros et petits Gamays ou grosses races.

Dans l'un et dans l'autre mode de taille, la tige qui prend le nom de souche est tenue le plus près possible de terre, elle porte généralement deux sarments longs (Fig. 16, 17 A) et un plus ou moins grand nombre de sarments courts, B.

Les sarments longs, connus sous le nom de montants, marens, mariens, merins, mériens, marieux, suivant les localités, sont destinés à recevoir la taille et servent au remplacement ; les sarments courts sont ceux qui ont produit, ils portent le nom de sarments fructifères, ils disparaissent à la taille pour faire place à d'autres.

Cette méthode ne se rencontre qu'en Lorraine ; elle convient à notre région et à notre climat ; elle donne de beaux et d'abondants produits, lorsque les opérations de culture et de taille sont bien comprises.

Le Docteur Jules Guyot, dans son étude sur les vignobles de France, estime que « la méthode lorraine, pour tenir la vigne basse et la resserrer dans un petit espace, est la méthode la plus habilement combinée et la meilleure qui se puisse imaginer. Elle a compris les besoins et l'équilibre des grosses et des fines races. »

Les cas de faiblesse, d'épuisement et d'infertilité, qui se manifestent dans nos vignobles traités d'après la méthode de Lorraine, ne sont pas dûs à la forme du cep.

FRUCTIFICATION NATURELLE DE LA VIGNE ET MATURITÉ DES GRAPPES.

Pour obtenir le maximum de produits que la vigne peut donner, il faut que les règles à observer dans les diverses opérations de culture et de taille, soient bien établies d'après les lois qui régissent la végétation. C'est en jetant un coup d'œil sur cette plante à l'état naturel, et en y étudiant comment elle fructifie d'elle-même, que nous arriverons à donner des définitions exactes, fixer des règles irréfutables et assurer le succès des diverses opérations de taille, de pincement que l'on fera subir à la vigne cultivée en vignoble.

Les grappes les plus belles se montrent toujours sur les bourgeons les plus forts, les plus vigoureux, portés par des sarments d'un an ; plus les bourgeons sont faibles et petits, moins ils sont fertiles en grappes, les bourgeons maigres, faibles, et les bourgeons partant sur le bois âgé de plus d'un an ou pour mieux dire sur le vieux bois, ne portent généralement pas de grappes.

La fructification n'est assurée qu'avec des bourgeons vigoureux portés par des sarments d'un an ; cela ne suffit pas au point de vue de la maturité des grappes sous notre climat, où la température naturelle ne suffit pas pour assurer cette maturité d'une façon convenable; il faut qu'elles soient rapprochées le plus près possible du sol ; car ce n'est que sa réverbération qui donnera aux grappes le degré de chaleur par lequel elles arriveront à maturité et acquièreront toutes les qualités qui font leur mérite.

La souche de Lorraine remplit bien ces conditions, la forme des ceps au point de vue de la maturité est on ne peut mieux conforme aux exigences du climat.

La vigne peut porter un plus ou moins grand nombre de bourgeons et de grappes ; il n'est pas rare de voir des ceps isolés donner deux, trois, quatre et cinq cents belles grappes. L'Abbé Rosier, dans son Dictionnaire universel d'Agriculture, raconte, page 321, tome quatrième, qu'un sieur Billot, menuisier à Besançon, éleva d'un sarment de muscat blanc qu'il ramassa dans un jardin que l'on taillait, un pied de vigne, qui, en dix ans de temps, occupait non-seulement toute la face de sa maison, mais une partie des maisons voisines et une galerie sur le milieu du toit de sa maison, suivant toute son étendue qui était de 10 mètres environ de longueur et sous laquelle il a fait élever des branches en forme de berceau où l'on pouvait se mettre à l'ombre pendant l'été.

La bouture a été faite en 1720; en 1731, on y récoltait 4,206 belles grappes, et en 1737, ce cep devenu monstrueux, taillé par ce menuisier, produisait un demi-muid de vin, après avoir fait les présents ordinaires des plus beaux raisins et avoir mis de côté ceux qui devaient être consommés à table ; en 1739, le tronc avait 0^{m}30 de diamètre, le cep s'élevait à 13 mètres de hauteur et couvrait une façade de 42 mètres de longueur ; ce cep fut détruit par l'hiver rigoureux de 1740.

Dans le vignoble lorrain, le nombre des bourgeons à conserver sur chaque souche tient de la distance que l'on donne à chaque cep, de la surface de terre qu'il a à sa disposition pour les alimenter, et de la somme d'air et de lumière qui est indispensable à une bonne maturité. Les ceps, qui donnent quatre à cinq cents grappes, occupent la place de 40 à 50 souches disposées en foule, à raison de 40,000 pieds à l'hectare.

Une souche de 0^{m}15 à 0^{m}20 de hauteur, limitée dans un espace de 0^{m}30 à 0^{m}40, ne peut pas donner 10, 15, 20 bourgeons et un nombre de grappes en rapport avec ce nombre de bourgeons ; ce n'est pas que le cep ne pourrait les produire et les alimenter, mais la confusion qui en résulterait, serait une autre cause d'infertilité. La distance à donner aux ceps dans le vignoble tient du nombre de bourgeons que portera chaque souche.

L'expérience a démontré qu'on ne pouvait laisser à chaque cep plus de quatre à six bourgeons partant presque du même point, sans produire de confusion ; chaque bourgeon peut donner deux grappes; huit à douze grappes par cep suffisent : c'est un maximum qu'on n'obtient pas toujours dans nos vignobles.

Pour donner à ce nombre de bourgeons, assez d'air, une dose de lumière suffisante et assez d'éléments nutritifs par les racines, il faut de toute nécessité donner à chaque cep, une distance minimum de 0^{m}65 à 0^{m}70.

La récolte est toujours d'autant plus faible que les ceps sont plus rapprochés ; je garantis que 20 à 25 mille ceps à l'hectare, soumis à la méthode de Lorraine, produiront le double que 40 à 50 mille ceps, que l'on adopte généralement pour la même surface dans nos vignobles.

ÉPOQUE DE LA TAILLE.

Le moment le plus favorable pour la taille de la vigne, est celui pendant lequel elle est en repos, lorsqu'elle ne fait aucun signe de végétation et surtout lorsque les gros froids ne sont plus à craindre. Dans notre région, c'est généralement vers la fin de janvier que l'on commence cette opération.

Les vignes taillées en novembre ou décembre sont exposées à souffrir davantage, surtout quand les hivers sont rigoureux, que celles que l'on taille en février ou commencement de mars.

La taille tardive, en avril et commencement de mai, n'est pas à recommander ; à cette époque, il se produit un écoulement de sève sur chaque coupe, connu des vignerons sous le nom de pleurs de la vigne, qui décompose les boutons sur lesquels il coule et les fait périr ; en outre, cet écoulement de sève épuise les ceps ; les montants ou mariens, espoir de la production future, restent faibles et sont incapables de donner des grappes l'année suivante.

TAILLE DES FINS PLANTS

ou petites races.

(Taille à long bois).

La souche de Lorraine se taille en ne lui conservant que les deux sarments montants ou mariens ; tous les sarments fructifères ont rempli leur mission, ils tombent avec les portions de branches qui les portent (Fig. 16, 17, E), puis, pour les fines races, le supérieur des deux montants, ou sarment producteur, se taille long sur six, huit et dix boutons (Fig. 18 C), l'inférieur, sarment de remplacement, se taille sur deux boutons (Fig. 18 D).

Le sarment producteur, qui prend aussi le nom de branche à fruits, et qui, après la taille a une longueur de 0ᵐ80 à 1ᵐ, se courbe sur lui-même en forme de couronne et prend le nom de ployon (Fig. 19 B).

La taille se renouvelle ainsi chaque année, en coupant le ployon avec tous les sarments fructifères qu'il porte (Fig. 16 E), et en le remplaçant par un nouveau ployon que l'on forme avec le sarment producteur de remplacement (Fig. 19 B), puis en taillant de nouveau le sarment de remplacement sur deux boutons (Fig. 19 C).

TAILLE DES GAMAYS

ou grosses races.

Pour les grosses races, le principe de la taille est toujours le même : la souche porte deux montants ou mariens ; le supérieur, ou sarment producteur, est taillé beaucoup plus court

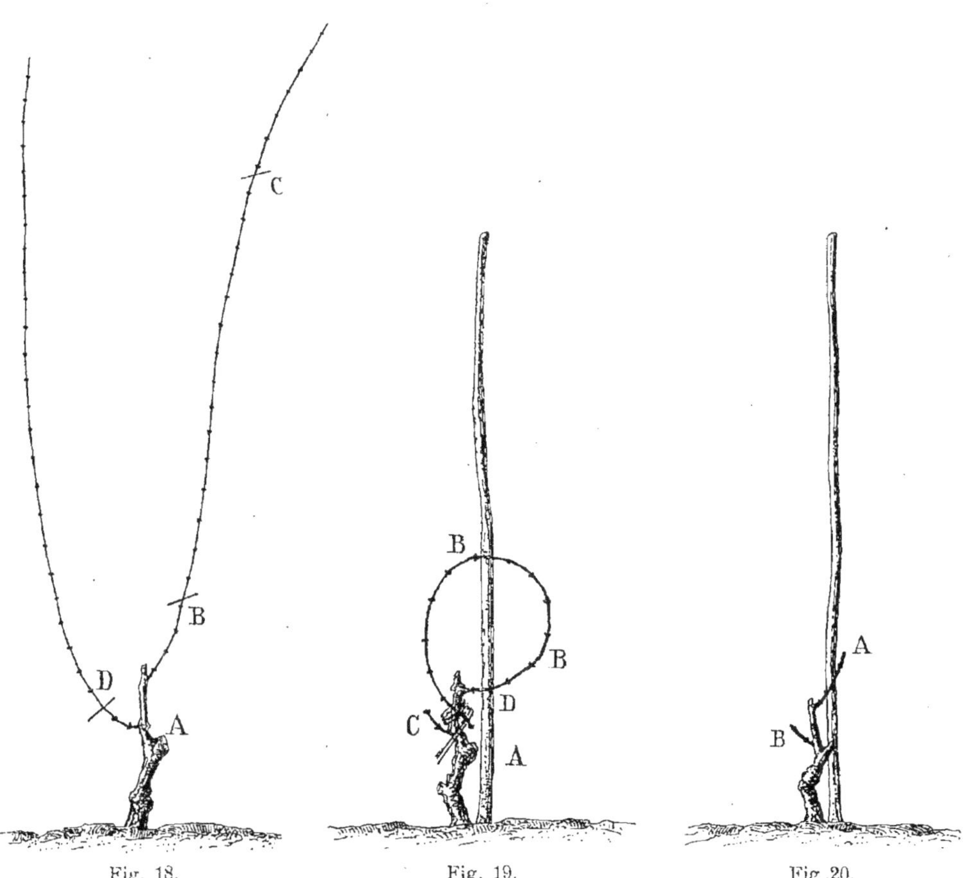

<table>
<tr>
<td>

Fig. 18.
Méthode de Lorraine.

A. Taille des sarments producteurs opérée.
B. Taille à sarment court pour les grosses races.
C. Taille à sarment long pour les fines races.
D. Taille du sarment de remplacement.

</td>
<td>

Fig. 19.
Souche des fines races taillée.

A. Taille des sarments fructifères.
B. Sarment producteur ou ployon.
C. Sarment de remplacement.
D. Liure du ployon au cep.

</td>
<td>

Fig .20.
**Souche
des grosses races taillée.**

A. Sarment producteur.
B. Sarment de remplacement.

</td>
</tr>
</table>

que celui des fines races ; on le coupe sur deux ou trois boutons (Fig. 18 B), le sarment inférieur, ou sarment de remplacement, se taille comme les fines races sur deux boutons (Fig. 18 D).

L'expérience a démontré que les Gamays ou grosses races, soumis à la taille longue, s'épuisent et meurent. Cette race est si fertile, que non-seulement les boutons de la base des sarments donnent de belles grappes, mais il arrive que si la gelée a détruit les premiers bourgeons fertiles, les boutons stipulaires ou contre-œil sont assez fertiles pour donner une belle récolte. Les fines races, d'une vigueur beaucoup plus grande, demandant beaucoup plus d'extension pour produire, deviennent infertiles après une taille courte plusieurs fois répétée.

TAILLE DES GROSSES ET DES FINES RACES

suivant la disposition des sarments de remplacement.

Au moment de la taille, le cep traité suivant la méthode de Lorraine, n'offre pas toujours la disposition que je viens de décrire ; cette disposition, qui est la meilleure, change suivant la place qu'occupent les sarments de remplacement.

D'après les ébourgeonnements et les pincements opérés en végétation, le cep se présente sous des aspects différents, que je classe comme il suit :

1° Cep (Fig. 21), dont un des deux sarments de remplacement se trouve à la base du sarment producteur supérieur, et l'autre à la base de la branche à bois.

2° Cep (Fig. 22), dont les deux sarments de remplacement se trouvent à l'extrémité de chaque branche à bois et à fruits.

3° Cep (Fig. 23), dont les deux sarments de remplacement sont à l'extrémité de la branche à fruits supérieure.

4° Cep (Fig. 24), dont un sarment de remplacement est porté par la branche à bois et l'autre par la branche à fruits ou ployon.

5° Cep (Fig. 25), dont les deux sarments de remplacement sont portés par le ployon ou branche à fruits.

Ces cas différents, qui se rencontrent dans les vignobles suivant les localités, ne permettent pas l'entretien du cep dans d'aussi bonnes conditions qu'avec la méthode décrite (Fig. 16, 17). A la taille, le vigneron n'envisageant que la production, conserve les sarments de remplacement là où il les trouve, parce que ce sont généralement les plus beaux et les plus sûrs pour assurer le succès de la fructification.

Chacun de ces cas différents, nécessite une taille particulière ; voici comment le vigneron opère :

Le cep (Fig. 21), dont les deux sarments de remplacement A se trouvent à la base de la branche à bois et de la branche à fruits, se taille en supprimant les sarments fructifères en C et en conservant les deux bras qui portaient la production et le remplacement, et sur la base desquels les deux sarments de remplacement sont conservés et taillés en D, pour porter les nouveaux bourgeons producteurs et de remplacement.

Les ceps (Fig. 22), dont les deux sarments de remplacement terminent ceux de l'année précédente, ne permettent pas de tenir le cep court à la taille; les sarments fructueux tombent en C et le remplacement se fait à l'extrémité des branches de l'année précédente.

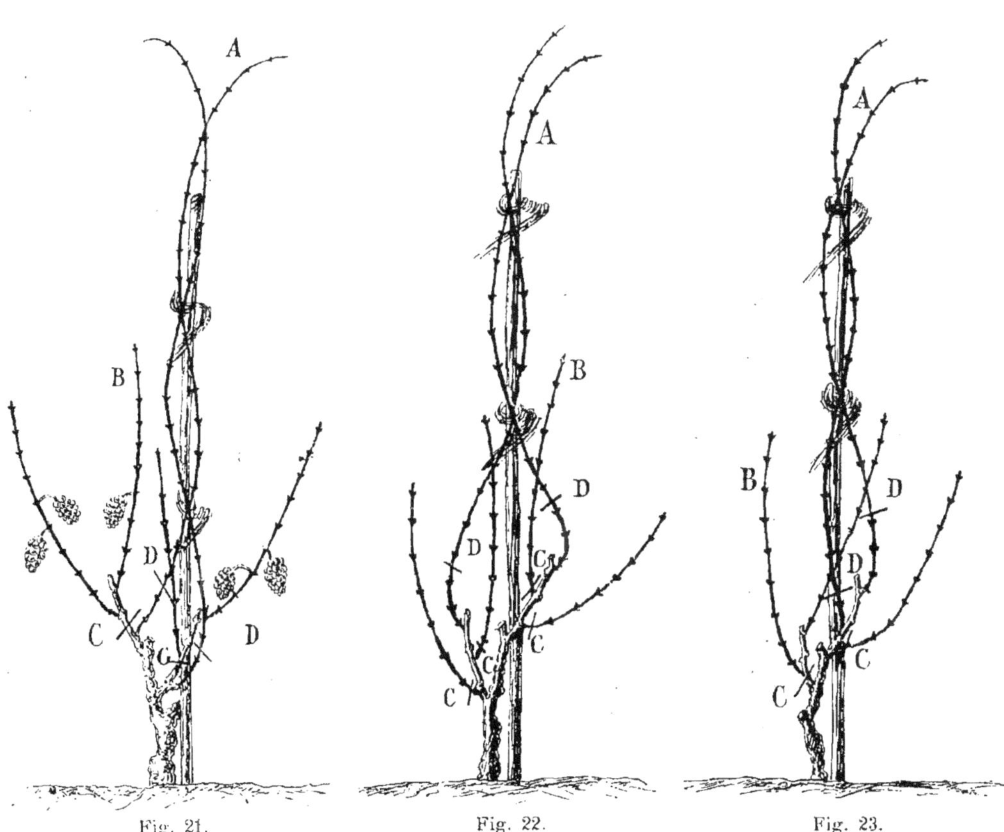

<table>
<tr><td>

Fig. 21.

**Souche à sarments
de remplacement établis à
la base du rameau à bois
et du rameau à fruits.**

A. Sarments de remplacement.
B. Sarments fructifères.
C. Taille des sarments fructifères.
D. Taille des sarments de remplacement.

</td><td>

Fig. 22.

**Souche à sarments de
remplacement aux extrémités
des branches à bois
et des branches à fruits.**

A. Sarments de remplacement.
B. Sarments fructifères.
C. Taille des sarments fructifères.
D. Taille des sarments de remplacement.

</td><td>

Fig. 23.

**Souche à sarments
de remplacement
sur la branche supérieure.**

A. Sarments de remplacement.
B. Sarments producteurs.
C. Taille des sarments producteurs.
D. Taille des sarments de remplacement.

</td></tr>
</table>

Quand les deux sarments de remplacement se rencontrent sur la branche supérieure (Fig. 23), c'est la branche inférieure qui tombe en C, avec les sarments producteurs, à la taille, et la branche supérieure servira à la formation de nouveaux sarments de remplacement, en taillant les deux sarments A en D pour les nouvelles productions.

Les souches de fines races (Fig. 24), dont les sarments de remplacement sont portés par la branche à bois et le ployon, obligent à conserver à la taille, l'une et l'autre de ces ramifications, et si les deux sarments de remplacement se trouvent sur la branche à fruits ou ployon (Fig. 25), à la taille le nouveau ployon est formé sur son prédécesseur.

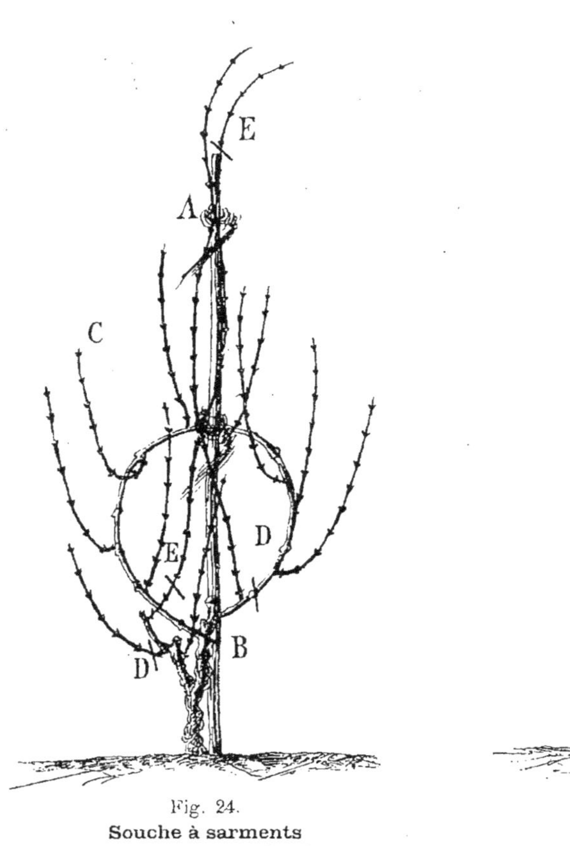

Fig. 24.
**Souche à sarments
de remplacement sur le ployon
et sur la branche à bois.**

A. Sarments de remplacement.
B. C. Sarments producteurs et ployon.
D. Taille des sarments producteurs.
E. Taille des sarments de remplacement.

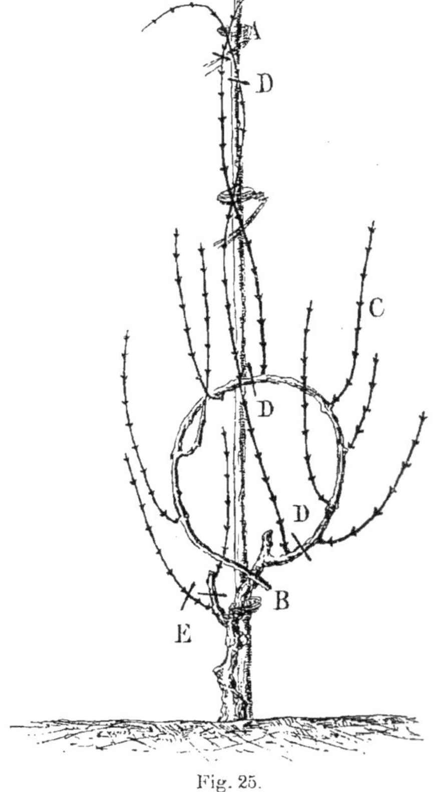

Fig. 25.
**Souche
à sarments de remplacement
sur le ployon.**

A. Sarment de remplacement.
B. C. Ployon et sarments producteurs.
D. Taille de la branche à fruits.
E. Taille de la branche à bois.

Ces opérations se renouvelant ainsi chaque année, donnent des résultats assez satisfaisants pendant la jeunesse de la vigne ; ce n'est que plus tard, après cinq ou six ans de ce traitement, que l'on commence à juger la valeur de ces diverses manières de procéder.

Le vigneron taille sa vigne au point de vue de la production, c'est vrai, mais il ne peut la traiter, en adoptant ces diverses méthodes, au point de vue de l'entretien du cep. La souche se déforme, ne se renouvelle pas, ne se rajeunit pas, en s'élevant démesurément, les bourgeons fructifères s'éloignent du sol et privent les grappes de sa chaleur bienfaisante ; en outre, la tige se couvre annuellement de nœuds et de plaies qui ne se ferment pas et entravent non-seulement la marche de la circulation de la sève, mais en perdent une énorme quantité chaque année en s'écoulant à chaque section. A un moment donné, les bourgeons n'ont presque plus de développement, l'état chétif et languissant dans lequel ils tombent, ne leur permet plus de porter des grappes.

Il faut donc que le vigneron sache que l'opération de la taille, tout en envisageant la production, a pour but surtout de maintenir le cep dans la forme et les proportions adoptées, et ce résultat ne s'obtient qu'avec la méthode que j'ai exposée (Fig. 16, 17) ; c'est-à-dire avec la méthode qui n'admet les bourgeons montants ou de remplacement que sur le sarment conservé le plus près du sol, à la taille.

Cette méthode permettra à chaque taille d'hiver, le rajeunissement annuel et le maintien des nouveaux sarments producteurs et de remplacement sur une tige ou souche qui ne s'élevra jamais au-dessus de 0^{m}15 à 0^{m}20 de hauteur.

Le cep ainsi traité porte toujours à la taille deux sarments ; un plus grand nombre ne serait pas plus avantageux ; chaque sarment donne un minimum de deux à trois bourgeons pour les grosses races et un plus grand nombre pour les fines races ; le nombre des grappes que portera chaque bourgeon est plus que suffisant.

Le sécateur est l'instrument qui convient le mieux à l'opération de la taille ; la coupe faite à quelques centimètres au-dessus du bouton sera toujours préférable à celle que l'on pratique sur le bouton lui-même.

De ce qui précède, le cep du vignoble en Lorraine est généralement traité dans sa taille, au point de vue de la production présente et au point de vue de la production future.

Les bourgeons destinés à la production présente prennent le nom de bourgeons fructifères, et les bourgeons traités au point de vue de la production future prennent le nom de bourgeons de remplacement ; ce sont ceux auxquels les vignerons donnent le nom de montants ou marens.

Ces deux genres de bourgeons sont toujours portés par des sarments d'un an que nous connaissons déjà sous le nom de sarments producteurs (Fig. 16, 17 B) et sarments de remplacement (Fig. 16, 17 A A). Dans le vignoble, ces sarments, après la taille, prennent le nom de broches.

Les ceps espacés de 0^{m}65 à 0^{m}70 soit en ligne, soit en foule, peuvent alimenter chacun deux, trois, quatre à six bourgeons, dont deux servent au remplacement, et les autres à la la production ; ce qui n'empêche pas ceux qui sont désignés pour le remplacement de porter de bien belles grappes.

Les fins cépages taillés à long bois portent un plus grand nombre de bourgeons fructifères, et par conséquent, donnent de ce fait un plus grand nombre de grappes.

CHAOUTRAGE.

Le chaoutrage, mot patois qui veut dire châtrage, est l'opération de l'ébourgeonnement et du pincement des bourgeons de la vigne.

Chacune de ces opérations ayant un but différent, il convient de les traiter toutes les deux séparément.

ÉBOURGEONNEMENT.

L'ébourgeonnement est l'opération par laquelle on supprime tous les bourgeons mal

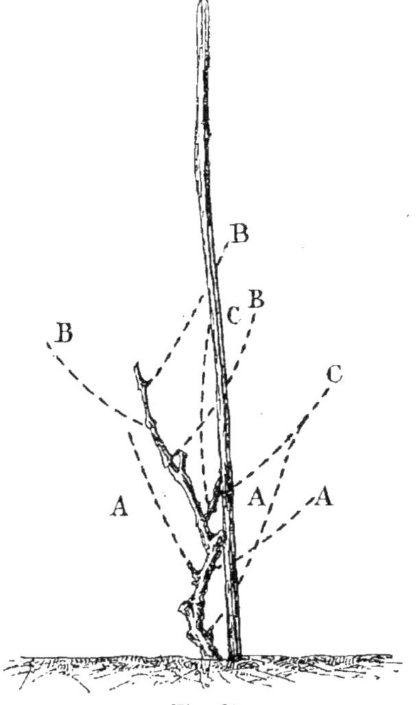

Fig. 26.

Ébourgeonnement.

A. Bourgeons à ébourgeonner.
B. Bourgeons producteurs.
C. Bourgeons de remplacement à conserver.

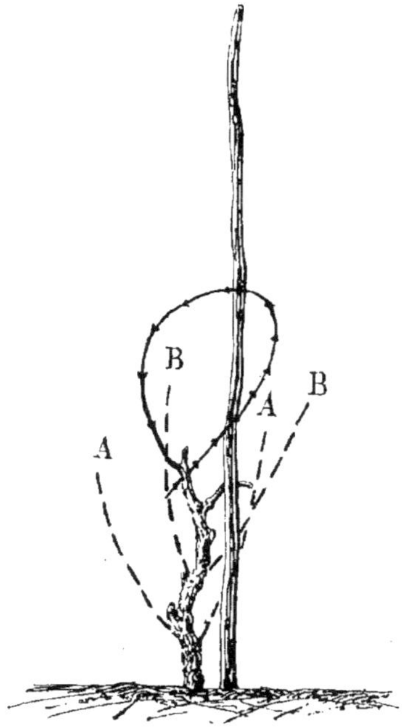

Fig. 27.

Ébourgeonnement d'un cep gelé.

A A. Bourgeons à conserver.
B B. Bourgeons à supprimer.

placés, inutiles et infructueux ; il commence par l'enlèvement en arrachis des bourgeons qui se montrent souvent en grande quantité sur le vieux bois (Fig. 26 A A) et qui ne portent pas de grappes. On conçoit facilement que la multitude de ces bourgeons inutiles, dépensent une très grande quantité de sève ; leur présence affaiblit les bourgeons fructifères et épuise le cep.

L'ébourgeonnement a pour objet de limiter le nombre des bourgeons pouvant alimenter des grappes, et d'utiliser l'action de la sève à leur développement.

On conserve deux ou trois bourgeons sur le sarment producteur des souches à taille courte (Fig. 26 B B) et tous les bourgeons qui se développent sur les ployons des souches à taille longue ; puis deux bourgeons seulement (Fig. 26 C C), dans l'un et l'autre cas, sur le sarment de remplacement.

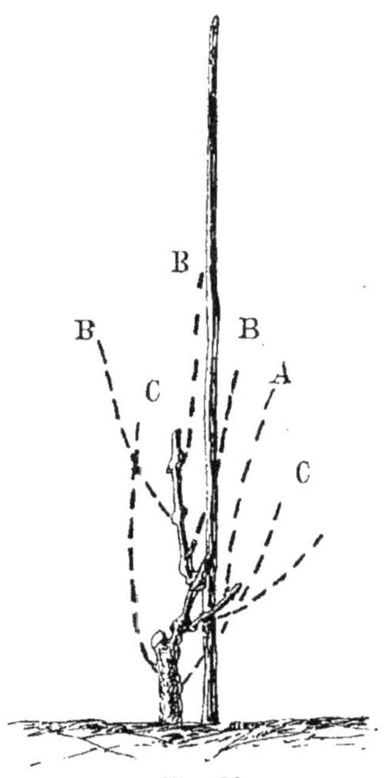

Fig. 28.
**Ébourgeonnement
du cep ne portant pas de grappes.**
A A. Bourgeons pour le remplacement conservés.
B B. Bourgeons infertiles ébourgeonnés.
C C. Bourgeons sur le vieux bois supprimés.

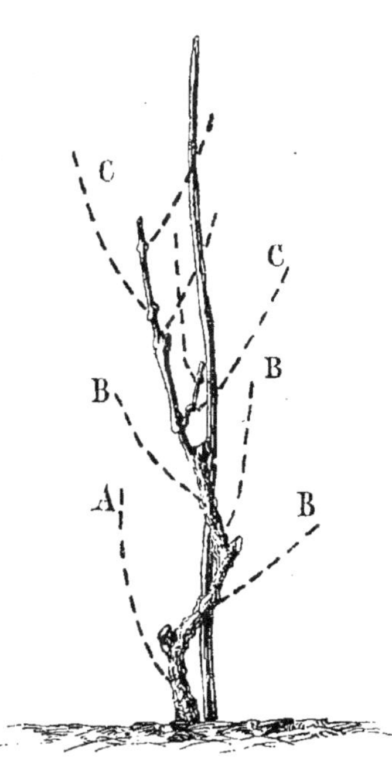

Fig. 29.
**Ébourgeonnement
d'un cep trop élevé.**
A. Bourgeon conservé devant renouveler le cep.
B. Bourgeons à supprimer.
C. Bourgeons producteurs à conserver.

Lorsque la gelée du printemps a détruit les bourgeons fructifères que portaient les sarments producteurs, on est obligé d'avoir recours à ceux qui se développent sur le vieux bois ; on conserve les deux plus beaux (Fig. 27 A A), les mieux disposés pour reconstituer le cep.

Dans le cas où le cep ne porterait pas de grappes, on ne conserve que les deux bourgeons A A (Fig. 28), partant du sarment de remplacement. Les bourgeons B B infertiles et les bourgeons C C partant sur le vieux bois, subissent l'ébourgeonnement.

Quand la souche est trop élevée et que le raisin se trouve trop loin de la surface du sol

(Fig. 29) dans l'ensemble des bourgeons partant sur le vieux bois, on aura soin de conserver celui qui se trouve le plus près du sol, qu'on ne pince pas (Fig. 29 A); il servira à former un nouveau sarment de remplacement qui permettra à la suite de rabaisser ou de rajeunir le cep sans le provigner.

PINCEMENT.

Le pincement des bourgeons de la vigne est l'opération par laquelle on supprime l'extrémité à l'état herbacé ; il a pour effet d'arrêter la végétation du bourgeon pincé.

Le pincement ou rognage des bourgeons que l'on pratique sur le raisin ou sur une feuille au-dessus des grappes, ne fortifie pas le bourgeon pincé, pas plus qu'il ne fait grossir les grappes, son but n'est pas là.

Cette opération se pratique sur les bourgeons fructifères qui ont des tendances à s'emporter, pour les arrêter et reporter l'action de la sève dans les bourgeons montants destinés à former, pour l'année suivante, les sarments de remplacement, chargés de donner la production future.

Le pincement ou chaoutrage n'a pas pour objet, comme le croient la majeure partie des vignerons, de reporter le surcroît de nourriture dans les grappes, qu'auraient consommé les extrémités des bourgeons qui les portent.

Le pincement ou chaoutrage produit un effet tout-à-fait contraire : il prive de la sève le bourgeon pincé et la met dans ceux qu'on ne pince pas. Au point de vue de la beauté et de la qualité des grappes, le chaoutrage est une opération plus nuisible qu'utile ; je ne suis pas le seul de cet avis.

Durival, le jeune, dans son Mémoire sur la vigne dans le pays messin, qui fut couronné par l'Académie royale des Sciences et des Arts de Metz, en 1776, en parlant de la rognure, de l'ébourgeonnement et du cassement des bourgeons, disait :

« 1° Que les raisins produits par les bourgeons allongés sont constamment plus gros, mieux nourris, plus entiers, que ceux dont les bourgeons ont été rognés, cassés ou arrêtés.

« 2° Que la maturité des raisins sur les bourgeons arrêtés ou raccourcis, est ordinairement plus tardive ; que ces raisins perdent toujours davantage et sont plus sujets que les autres à déchoir par les effets de la coulure, en proportion de la soustraction plus ou moins forte, faite à leurs bourgeons.

« 3° On remarque constamment que plus les bourgeons de la vigne sont allongés, plus la maturité en est accélérée, et plus ceux-ci ont de vigueur et de force ; au lieu que ceux qui ont été cassés ou rognés cessent de profiter et restent dans le même état, jusqu'à ce que la pousse d'un nouveau bourgeon, ou de l'entre-feuille supérieure, en favorise le progrès.

« 4° Enfin, il est d'expérience, que plus on supprime de bourgeons à la vigne, lors de l'ébourgeonnement ou du chaoutrage, plus on raccourcit ses autres bourgeons et les marens, plus aussi on affaiblit la tige de la plante et ses racines ; au lieu que les racines et la tige croissent et se fortifient de plus en plus, à proportion de l'allongement de ses bourgeons. »

Plus loin en parlant des effets pernicieux du chaoutrage et de la rognure, il insiste encore sur les faits suivants :

« 1° Que la vigne ne prospère et ne se fortifie qu'en raison de l'allongement de ses bourgeons, parce que cet allongement augmente la quantité des feuilles qui sont les seuls et vrais organes de la nutrition de la plante.

« 2° Que le cassement prématuré des bourgeons en diminue la force, par la suppression d'une partie des feuilles qui en entretiennent et en favorisent l'accroissement.

« 3° Que ce cassement retarde la maturité des fruits et celle du bois, parce qu'il suspend l'action de la sève; les bourgeons pincés n'acquièrent presque jamais dans les automnes les plus favorables, le complément de maturité qui leur est nécessaire. »

La meilleure preuve que le vigneron trouvera à l'appui de ce raisonnement se trouve sur le cep lui-même: les plus belles grappes sont généralement sur les deux bourgeons montants et ces bourgeons sont d'autant plus forts, qu'ils sont pincés plus longs. Le pincement court sur la grappe ne fait donc pas grossir le bourgeon, car ceux que l'on pince plus longs comme montants, sont toujours plus beaux et plus forts; le pincement court ne fait pas grossir les grappes, car les plus belles sont toujours sur les bourgeons montants qu'on pince beaucoup plus longs.

Le pincement ou chaoutrage a donc un tout autre but; les bourgeons fructifères de la vigne ne sont pas tous d'égale vigueur, les plus forts sont toujours à l'extrémité des sarments taillés; les bourgeons de remplacement que l'on doit former sur la broche inférieure sont toujours plus faibles, tandis que ceux de la broche supérieure ont des tendances à s'emporter.

Comme le pincement arrête la végétation des bourgeons soumis à ce traitement, c'est pour arrêter les bourgeons de la broche supérieure ou sarment producteur, et favoriser le développement des bourgeons du sarment de remplacement, que l'on pince ou que l'on chaoutre; je dirais plus, c'est pour affaiblir les bourgeons supérieurs et fortifier les bourgeons destinés au remplacement, qu'on est obligé d'avoir recours au pincement ou chaoutrage.

Les bourgeons pincés ou chaoutrés sont arrêtés à la grandeur et à la grosseur qu'ils avaient au moment de l'opération; ceux de la base qu'on ne pince pas, non arrêtés par le chaoutrage, continuent de se développer et deviennent à la suite, en poussant librement, très forts et très vigoureux: dans ces conditions, le but de cette opération, ainsi démontrée, est obtenu.

On doit donc opérer le chaoutrage judicieusement à un double point de vue : celui de la

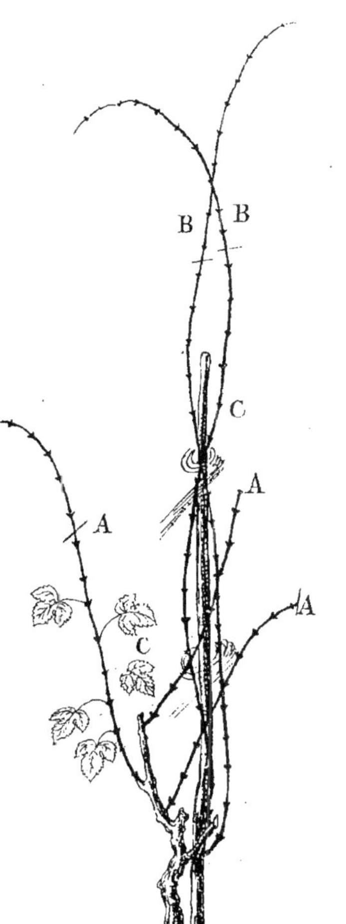

Fig. 30.
**Pincement ou chaoutrage
de la vigne.**

A A. Pincement des bourgeons fructifères.
B B. Pincement des bourgeons de remplacement.

production présente et celui de la production future ; au point de vue de la production présente, les bourgeons chargés de donner des grappes, seront pincés assez courts pour les arrêter au profit de ceux qu'on ne pince pas, et cependant assez longs, pour leur permettre la force et la vigueur nécessaires à l'alimentation des grappes ; pour cela, au lieu de les pincer sur la grappe ou sur la feuille au-dessus de la grappe, on attendra qu'ils aient au moins 0m60 de longueur pour les pincer à un minimum de 0m50, sur trois, quatre et cinq feuilles au-dessus des grappes (Fig. 30 A A).

Ce nombre de feuilles au-dessus des grappes sont les seuls organes de nutrition, qui contribuent à leur alimentation, à leur grossissement, à leur qualité et à leur maturité.

Le pincement ou le chaoutrage est donc un travail qui demande de l'attention et beaucoup de discernement. Il ne peut se faire en une seule fois ; on le réitère autant de fois que les bourgeons surnuméraires l'exigent.

Au point de vue de la qualité des grappes, on ne peut trop répéter que les feuilles sont les organes nourriciers des yeux et des raisins ; et que sans elles, ces raisins n'ont ni développement, ni goût, ni saveur ; il est établi et démontré que ce sont principalement les feuilles situées au-dessus des grappes, qui contribuent à la formation de la glucose dans le raisin ; le meilleur moyen à employer pour emmagasiner dans les grappes le plus de sucre possible, est de conserver au-dessus de la plus haute un certain nombre de feuilles ; car c'est le sucre qui, dans la fermentation, se convertit en alcool.

Sous un climat comme celui de la Lorraine, la quantité de sucre sera augmentée, plus par le nombre de feuilles que portera chaque bourgeon fructifère, que par la moyenne des températures ; j'en conclus que le nombre que je conseille de conserver au-dessus des grappes, n'est pas de trop.

C'est une erreur de croire que le pincement sur plusieurs feuilles au-dessus du raisin, donnerait plus d'ouvrage au vigneron ; l'opération est la même ; elle a l'avantage non-seulement de contribuer au développement des grappes, mais aussi de les abriter pendant leur développement contre l'ardeur du soleil et les empêcher de brûler.

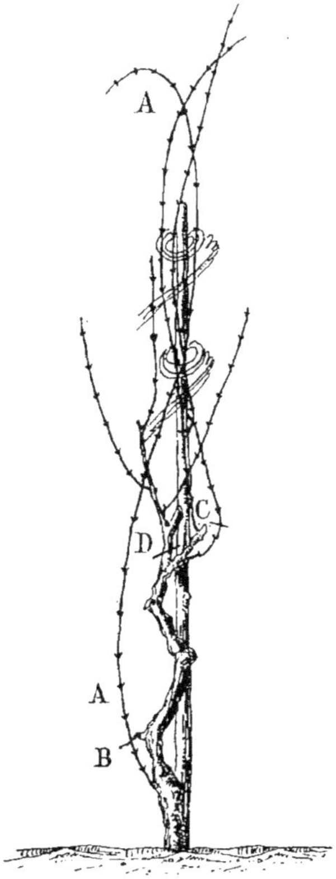

Au point de vue de la production future, on laisse pousser librement les deux bourgeons que porte la broche inférieure ou branche à bois de remplacement.

Fig. 31.

Souche trop élevée.

A. Bourgeon pris à la base pour la rabaisser.
B. Taille du nouveau sarment de remplacement.
C D. Taille du cep pour la production.

Ces deux bourgeons (Fig. 30 B B), auxquels les vignerons donnent le nom de montants ou marens, deviendront sarments de remplacement ; on les relève à l'échalas par une ou deux liures de paille C C, puis, vers le premier septembre seulement, on les rogne au-dessus de la hauteur de l'échalas B B, sans s'occuper de la longueur qu'ils atteignaient avant cette époque.

A Guénetrange, ils ont quelquefois trois mètres lorsqu'on les soumet à la rognure ; cette opération les ramène à une longueur moyenne de 1ᵐ30 à 1ᵐ50.

Dans le cas où ces bourgeons montants n'atteindraient pas la hauteur de l'échalas, ou pour mieux dire 1ᵐ50, on ne les rogne pas. Cette opération n'a d'autre but que celui de donner aux grappes, qui sont arrivées à cette époque à leur grosseur, la dose de lumière et de chaleur indispensable à leur maturité et au degré de qualité qu'elles acquièrent par l'action de ces agents.

Les vrilles, moyens d'attache naturels, deviennent inutiles par la présence des liens donnés par le vigneron ou la vigneronne ; elles seront soigneusement supprimées.

Les opérations de chaoutrage ou de culture se feront toujours par un beau temps : les plus belles journées de chaleur sont préférables au temps brumeux ou de pluies.

Toutes les fois que l'on touche une plante mouillée, soit à la rosée du matin ou à la suite d'une pluie, on s'expose à la faire brûler ; l'expérience a assez démontré que la brûlure des feuillages avait le plus souvent pour cause, l'exécution des opérations d'été par le mauvais temps.

Le bourgeon que l'on conserve à la base d'un cep trop élevé (Fig. 31 A) pour le rabaisser, doit être compté au nombre des montants, et traité de la même façon pour le fortifier ; c'est de sa longueur que dépendront la vigueur et la force du nouveau sarment de remplacement.

Il en est de même des deux bourgeons (Fig. 32 B B), qui partent de la nouvelle broche A établie à la base d'une souche pour la renouveler.

On se gardera bien de pincer à la Saint-Jean, les petits et les grands, comme le dit encore M. Laurent, ancien instituteur, dans une brochure publiée en 1881, sur la culture de la vigne à Neufchâteau (Fig. 33).

Il n'est pas possible d'admettre, que la même opération ait deux effets différents. Le pincement des petits et des grands arrête aussi bien les petits et les grands ; il ne convient pas d'arrêter un petit pour le fortifier, quand la même opération est pratiquée sur un grand pour l'arrêter ou l'affaiblir ; en arrêtant un petit à la Saint-Jean, ce petit maintenu dans ses proportions faibles, ne produira que des bourgeons faibles qui ne porteront plus de grappes.

C'est une des raisons pour lesquelles le bourgeon que l'on conserve à la base d'un cep trop élevé (Fig. 29 A), se traite et se taille souvent pendant plus de dix ans (Fig. 34), sans pouvoir y obtenir des bourgeons montants B B assez forts et assez vigoureux pour rabaisser ou renouveler le cep.

Il ne faudrait pas s'écarter des règles que j'ai données pour pratiquer les pincements au point de vue du choix des bourgeons montants ou mariens, bourgeons de remplacement.

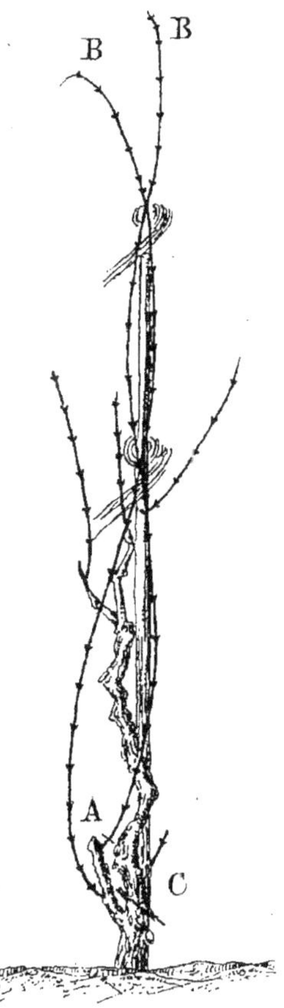

Fig. 32.
Souche trop élevée rabaissée ou rajeunie.

A. Nouvelle broche.
B B. Nouveaux sarments de remplacement.
C. Taille de la vieille souche.

c'est-à-dire, qu'il ne faut pas choisir indistinctement les deux bourgeons les plus beaux sans prendre attention où ils se trouvent ; en opérant ainsi, il arriverait souvent que ce serait les supérieurs qu'on ne pincerait pas, tandis que les inférieurs subiraient l'opération (Fig. 35). Dans ces conditions, non seulement le chaoutrage n'aurait plus sa raison d'être, mais il

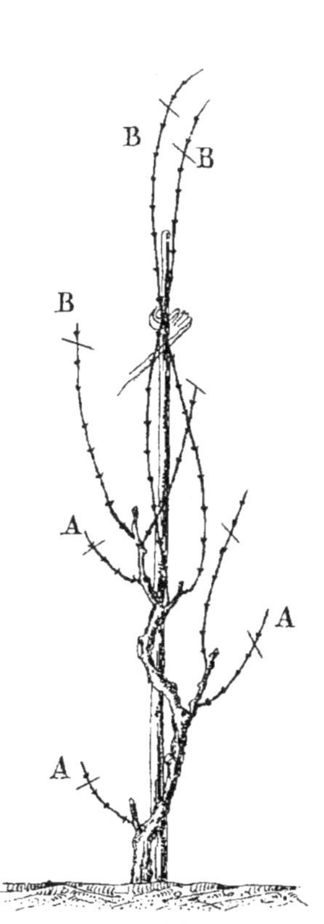

Fig. 33

Pincement à la Saint-Jean des petits et des grands.

A A. Pincements des petits.
B B. Pincements des grands.

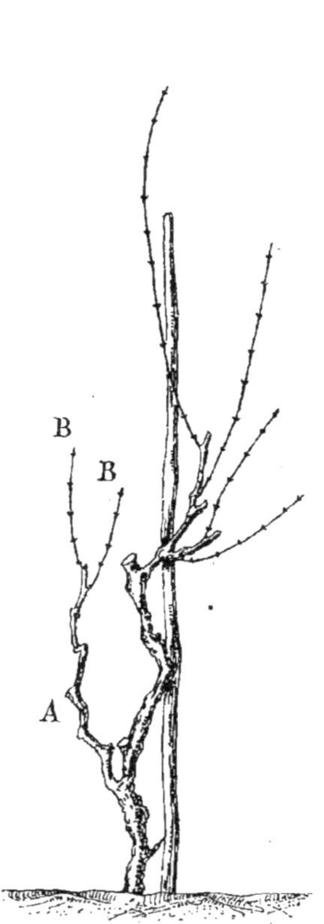

Fig. 34.

Broche de remplacement d'une vieille souche affaiblie par les pincements trop courts.

A. Vieille broche.
B B. Pincements mauvais.

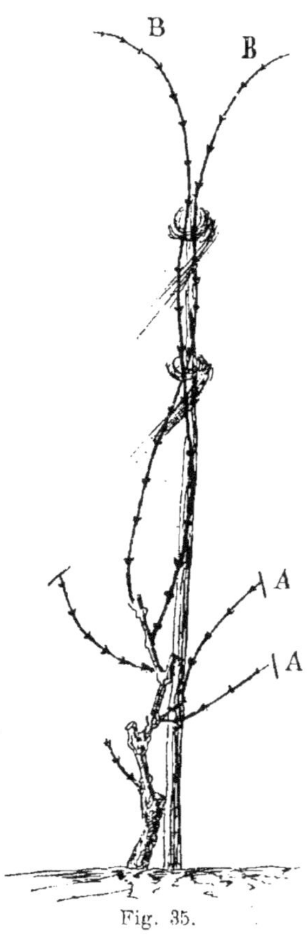

Fig. 35.

Souche à remplacement mal établie.

A A. Pincements courts des bourgeons de la branche de remplacement.
B B. Bourgeons montants ou de remplacement élevés sur la branche à fruits.

deviendrait plutôt nuisible qu'utile ; car en agissant ainsi, ce sont les bourgeons de la broche supérieure ou branche à fruits qui sont les plus forts ; si on pince ceux de la branche de remplacement A A, parce qu'ils sont plus faibles, on favorise le développement des bourgeons B B que porte la branche à fruits, au lieu de les arrêter, et on affaiblit ceux qui sont destinés au remplacement.

Il est vrai qu'on a du raisin quand même ; mais à la taille, le vigneron, ne trouvant de beaux sarments qu'à l'extrémité des branches de l'année précédente, ne peut pas les renouveler comme il conviendrait de le faire ; car dans ces conditions, il est obligé au point de vue de la production, de conserver les nouveaux sarments producteurs et de remplacement à l'extrémité de la branche à fruits ; ce qui l'allonge d'une taille par année, et produit en peu de temps un cep élevé couvert de nœuds occasionnés par les tailles annuelles, qui entravent la marche de la circulation de la sève et contribuent à l'affaiblissement du cep, et au dépérissement de la vigne, qui n'est plus capable après cinq ou six ans de ce traitement, d'alimenter des bourgeons assez vigoureux pour porter des grappes.

La rognure des mariens ou bourgeons de remplacement faite trop tôt, le chaoutrage sur le raisin, le pincement des petits et des grands à la Saint-Jean, ne sont que des mutilations destructives de la vigne et de ses productions.

Il en résulte que les opérations du chaoutrage, tel qu'on le pratique dans la plupart des vignobles en Lorraine, ont des effets absolument contraires au but que l'on se propose.

ÉBOURGEONNEMENT DES ENTRE-FEUILLES.

L'œil qui se forme à l'aisselle de chaque feuille est toujours accompagné d'un bourgeon anticipé, connu dans notre région sous le nom d'entre-feuille.

Le pincement des bourgeons fructifères dans le vignoble, fait développer ces entre-feuilles ; à leur apparition, on s'empresse de les faire tomber. Cette opération n'est pas d'une nécessité absolue ; on peut, sans inconvénient, la supprimer, à moins que, dans une vigne très vigoureuse, le développement de ces bourgeons menace de produire de la confusion ; dans ce cas seulement, on supprime les plus grandes, ou bien on se borne à en pincer l'extrémité.

Les montants ou marens qui poussent en liberté jusqu'en septembre, ont des entre-feuilles insignifiantes ; leur suppression produit une énorme main-d'œuvre, plus nuisible que favorable au cep ; c'est donc une opération inutile et à supprimer : le cep ne s'en portera pas plus mal, la récolte n'en sera que plus belle, les yeux qui les accompagnent n'en sont que mieux formés, et la production future sera assurée dans de bien meilleures conditions.

MÉTHODES DIVERSES
proposées pour remplacer la méthode de Lorraine.

Pour arriver à une conclusion rationnelle et pour pouvoir proposer un mode de culture moins compliqué, il est bon de voir les diverses méthodes qui ont été proposées dans ce sens, pour remplacer la méthode de Lorraine et étudier les causes qui déterminent les vignerons à ne pas les accepter.

Méthode Durival.

Durival le Jeune, que j'ai déjà signalé, est l'auteur qui s'éleva avec le plus de justesse contre les pincements; c'est lui qui exposa le mieux les effets de cette opération et les résultats déplorables qu'on obtient de ces abus.

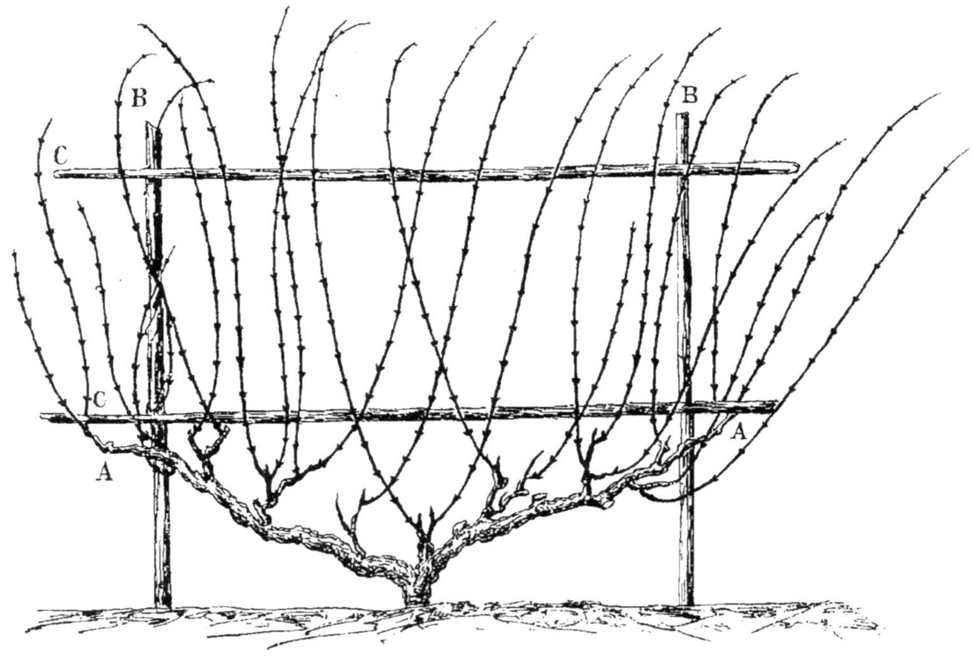

Fig. 36.
Méthode Durival.

En 1776, la méthode qu'il proposa supprimait tous les pincements; les souches plantées en ligne à un mètre au carré étaient divisées en deux bras assez allongés (Fig. 36 A A), portant de nombreuses broches ou couronnes dans leur longueur; deux traverses en bois C C, soutenues par des tuteurs B B, étaient disposées pour y palisser tous les bourgeons de cette souche sans les pincer; cette méthode ne s'est pas propagée.

Par la suppression du pincement, la méthode Durival avait déjà une supériorité sur la méthode lorraine; mais n'ayant pas donné de règle pour limiter le nombre des bourgeons fructifères et renouveler les sarments producteurs et de remplacement, la confusion qu'a produit le nombre de bourgeons illimités, après cinq ou six ans de ce traitement, empêcha de l'adopter.

Vigne en Cuveau de Metz.

Dans le pays messin, la vigne en cuveau donne, depuis des temps immémoriaux, des résultats surprenants. Sur les coteaux de Vallières, Vantoux, Saint-Julien, on peut voir des vignes âgées de plus de cent ans, n'ayant jamais été provignées et qui donnent encore une moyenne de plus de cent hectolitres à l'hectare.

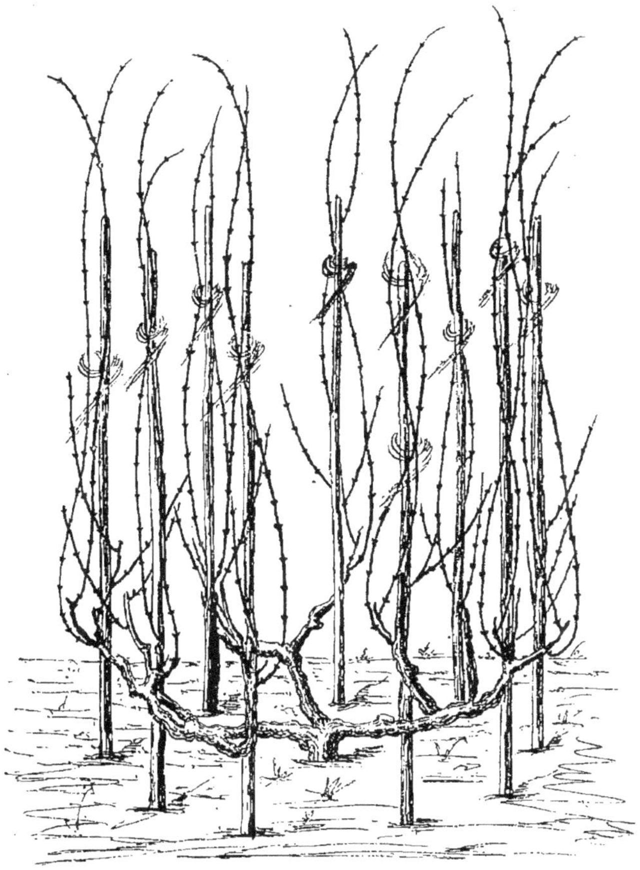

Dans les communes d'Argancy et Rugy, c'est la vigne en cuveau qui est la forme la plus souvent adoptée dans le vignoble.

L'axe de chaque cuveau est espacé en tous sens de 1^{m}30 à 1^{m}50, disposé en cercle et placé horizontalement, puis allongé dans cette position pour atteindre le diamètre qui est d'un mètre environ ; sept, huit ou neuf bras sont généralement admis pour garnir la circonférence du cuveau (Fig. 37).

Chaque bras est traité à la taille et au chaoutrage, d'après la méthode de Lorraine. Les grosses races se taillent à sarments courts et les fines races se taillent en branche à bois et en branche à fruits ; le sarment long ou branche à fruits est formé en ployon ou couronne à l'extrémité de chaque bras.

Cette méthode est on ne peut meilleure; son succès tient surtout de la suppression de la culture profonde au pied, de l'abolition du provignage et de l'ébarbage, et enfin, de l'extension que l'on donne aux ceps ; malgré ces avantages, elle ne s'est pas propagée ; on ne la renouvelle plus dans les nouvelles plantations.

Malgré les résultats qu'elle donne et qu'elle a toujours donnés, elle disparaît des vignobles messins pour faire place à la méthode de Lorraine.

Fig. 37.

Vigne en Cuveau.

Vigne en Chaintre.

La vigne en chaintre ou à chaînes trainantes, a été imaginée en 1841, par Denis Lussaudeau, vigneron, habitant Beaune, entre Montrichat et Chissay (Loir-et-Cher).

Ces vignes sont, d'après le Docteur Guyot, « le dernier mot de la physiologie de la végétation, de la fécondité et de la longévité des ceps.

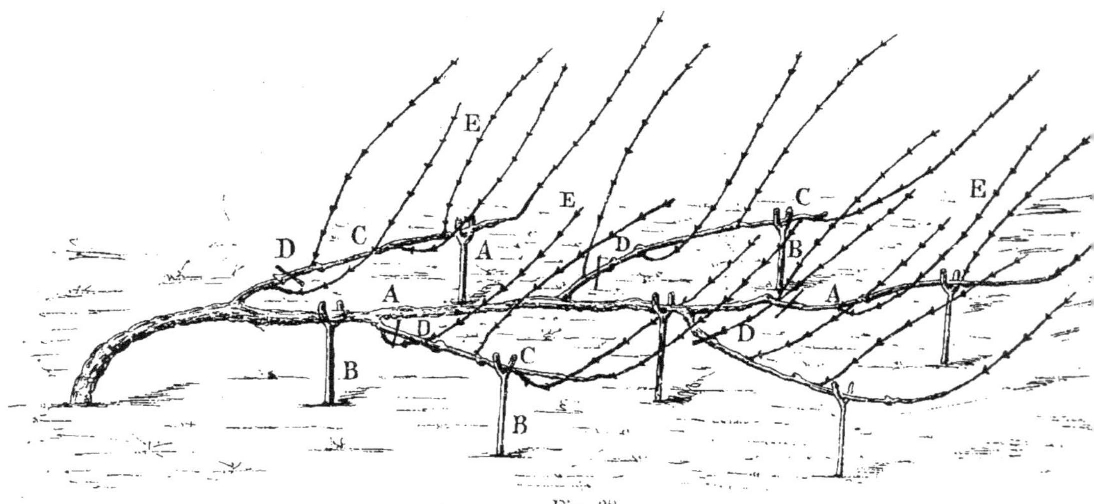

Fig. 38.

Vigne en Chaintre. — Méthode de Denis Lussaudeau.

Les ceps sont plantés à 2 mètres de distance sur la ligne, et à 6 mètres entre les lignes; chaque souche développe des bras traînant sur terre (Fig. 38 A A), de deux à trois mètres de long, légèrement soulevés au moment de la maturité des grappes, à environ 0^m25 au-dessus du sol, au moyen de petites fourchines B B.

Le cep A se forme rapidement, en trois ou quatre ans au plus; il porte dans sa longueur cinq ou six branches à fruits C, qui occupent tout l'espace libre entre les pieds et qui portent de longs bourgeons fructifères.

Ces branches à fruits se renouvellent annuellement en taillant en D sur le sarment le plus beau et le plus rapproché du cep E.

Ces vignes à grande arborescence donnent en moyenne une production de 90 à 100 hectolitres à l'hectare.

Cette méthode permet une économie de main-d'œuvre qui est à considérer; la culture se fait à la houe ou à la charrue, après avoir relevé les bras sur la ligne; les échalas sont supprimés et le travail de la feuille ne nécessite qu'un pincement.

La vigne en chaintre est encore à l'état d'expérience dans notre région, elle a donné de beaux résultats aux vignerons et aux propriétaires de vigne qui l'ont adoptée; je ne puis que conseiller de continuer l'expérimentation, car cette méthode offre de réels avantages au point de vue de l'économie de la main-d'œuvre et de la préservation contre les gelées ; je ne vois aucun inconvénient sérieux à signaler contre cette méthode.

VIGNES TYPES.
Méthode du Docteur Jules Guyot.

En 1850, le Docteur Jules Guyot mit en pratique sa méthode à Sillery (Marne), méthode à laquelle il donna le nom de vigne type (Fig. 39, 40).

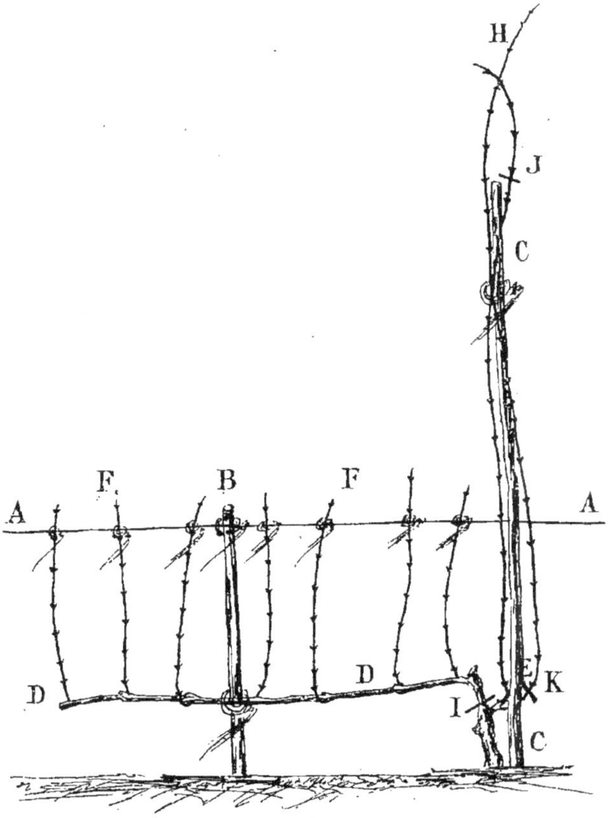

Il plante de préférence la bouture non enracinée sur terrain à plat ; il supprime les cultures profondes, le provignage et l'ébarbage ; les ceps sont maintenus francs de pied, disposés en lignes espacées entre elles d'un mètre ; la même distance est observée entre chaque pied. La forme du cep et le mode de taille sont les mêmes que ceux que les vignerons de Lorraine donnent à leurs fins cépages; la différence n'existe que dans l'installation d'un fil de fer (Fig. 39 A) tendu au-dessus des lignes à environ 0^m50 de hauteur, soutenu par des piquets B, plantés entre chaque cep.

La taille est à branche à bois et à branche à fruits ; la branche à bois E (Fig. 39, 40), doit donner les montants après l'avoir choisie le plus bas possible et taillée sur deux boutons. La branche à fruits D, qui n'est autre que le ployon de Lorraine, est taillée à 1 mètre de longueur, puis placée horizontalement à 0^m15 de hauteur (Fig. 40 D), fixée au piquet B.

Fig. 39.

Vigne type. — Méthode du Docteur Guyot.

A. Fil de fer — B. Piquet support des fils de fer. — C. Échalas.
D. Branche à fruits. — E. Branche à bois. — F. Sarments fructifères.
H. Sarments de remplacement. — I. Taille de la branche à fruits.
J. Taille du sarment producteur. — K. Taille du sarment de remplacement.

En végétation, le palissage des bourgeons fructifères F, qui naissent sur la branche à fruits, se fait sur le fil de fer, et le palissage des montants ou bourgeons de remplacement se fait, comme dans la méthode de Lorraine, sur l'échalas planté au pied de chaque souche (Fig. 39, 40 C).

Les opérations d'été sont les mêmes qu'en Lorraine : chaoutrage ou ébourgeonnement des bourgeons infertiles, pincement des bourgeons de la branche à fruits, à une longueur de 0m50 à 0m60 (Fig. 39 F), le relevage des montants ou bourgeons de remplacement à l'échalas et le rognage au-dessus de l'échalas, vers le 1er septembre (Fig. 39 J).

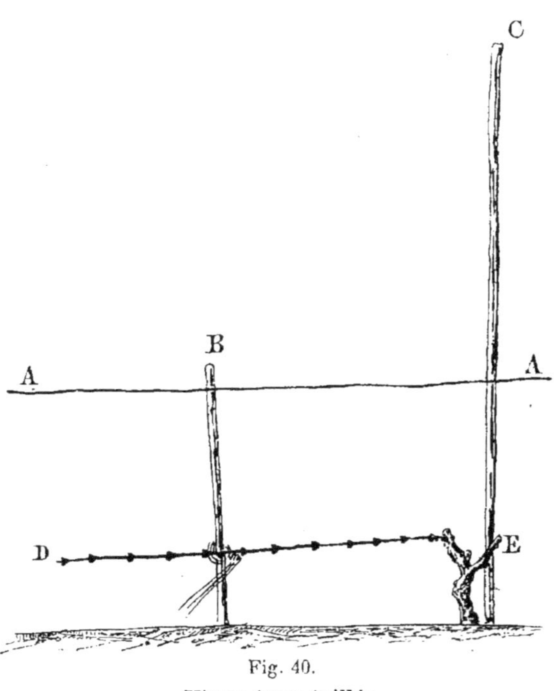

Fig. 40.

Vigne type taillée.

A. Fil de fer.
B. Piquet soutenant le fil de fer.
C. Échalas.
D. Sarment producteur.
E. Sarment de remplacement.

La méthode du Docteur Jules Guyot est celle qui mérite le premier rang ; bien comprise dans son ensemble, le succès est assuré ; cette méthode répond à toutes les exigences des lois de la végétation de la vigne.

La plantation qui se fait sur simple labour, avec boutures ou sarments non enracinés, est la plus rationnelle et la plus économique ; le franc de pied permet à la plante le développement libre de tous ses organes, dans le milieu que la nature leur a déterminé.

La culture, qui ne se fait qu'à la surface du sol, permet aux racines naturelles, qui partent du collet de la plante, leur développement dans les couches arables les plus fertiles.

La disposition des lignes, bien orientées du nord au sud, donne à chaque cep le maximum de lumière et de chaleur, qu'il n'aurait pas autrement. Ces lignes, espacées d'un mètre, permettent une culture économique avec animaux de trait.

La forme et la direction données à chaque cep, placent toutes les grappes à la même distance du sol, disposition qui leur permet, en subissant le même degré de chaleur, d'arriver toutes au même degré de maturité, et cela à la même époque. Le palissage de chaque bourgeon fructifère sur le fil de fer, qui se trouve au-dessus de leur point de départ, leur donne la longueur qui détermine le degré de vigueur indispensable à la production ; ce palissage a en outre l'avantage de permettre la circulation facile aux diverses manœuvres, que nécessitent les opérations de culture, et de garantir les grappes des dégradations que pourrait produire cette main-d'œuvre sans cette opération.

Le palissage à l'échalas et la longueur donnée par le rognage aux deux mariens ou bourgeons de remplacement, assureront toujours deux sarments de remplacement forts et vigoureux, capables de remplacer celui qui a produit.

Si une cause quelconque n'a pas permis d'obtenir des sarments de remplacement capables d'assurer la nouvelle production, avec cette méthode il ne se produit pas d'interruption dans les récoltes.

Au lieu de tailler la branche à fruits en H, on la conserve un an de plus, puis les sarments fructifères sont taillés en F, sur deux, trois ou quatre boutons suivant les races ; le sarment producteur trop faible est taillé en D et le sarment à bois est taillé en E sur deux boutons pour former un meilleur remplacement.

Comparée aux autres méthodes, celle du Docteur Jules Guyot, double la récolte, toutes les fois qu'elle sera bien suivie. Je ne citerai qu'un exemple : A Bouxières-aux-Dames, M. Amour, arboriculteur distingué, fit une expérience en 1863 ou 1864, qui mérite d'être signalée : Dans un hectare de vigne traitée à la méthode de Trouillet, depuis une dizaine d'années, on y transforma un are environ à la méthode du Docteur Jules Guyot; à la vendange, on récolta le double de tendelins de raisins, d'une maturité

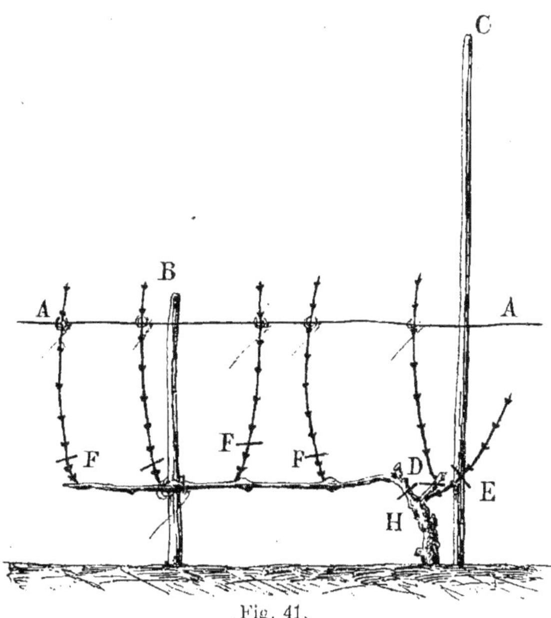

Fig. 41.

Vigne type.
Taille en couronne sur sarments fructifères
de la branche à fruits.

D. Taille du sarment producteur.
E. Taille du sarment de remplacement.
F. Taille des sarments fructifères.

plus parfaite, sur cette vigne transformée, comparée à la voisine occupant la même surface, maintenue à la méthode de Trouillet.

Devant ce succès, M. Amour n'hésita pas ; il transforma toutes ses vignes à la méthode du Docteur Jules Guyot, et aujourd'hui, ces vignes plantées depuis plus de trente ans, n'ont jamais été ni provignées, ni ébarbées ; la végétation, ainsi que la fructification, ne montrent encore aucun signe d'affaiblissement.

C'est à l'installation de fil de fer, qui semble gêner la libre circulation, à la main-d'œuvre, que nécessite le palissage des bourgeons fructifères, et surtout, à l'inobservation de toutes les règles prescrites pour les pincements, que sont dûs l'insuccès d'une part et l'indifférence d'autre part, à l'égard de la méthode du Docteur Jules Guyot.

Méthode Trouillet.

Vers 1856, M. Trouillet de Montreuil, propagea une méthode par laquelle il supprime toutes espèces de palissage et les échalas. La souche franc de pied est plantée en ligne à un mètre au carré. La tige de 0ᵐ25 à 0ᵐ30 de hauteur (Fig. 42), est terminée par plusieurs bras en gobelet, la taille courte est appliquée à chaque courson, et tous les bourgeons reçoivent un pincement rigoureux, à 0ᵐ15 ou 0ᵐ20 de longueur, s'ils ne portent pas de grappes, et sur une ou deux feuilles au-dessus de la plus haute grappe pour les bourgeons fructifères.

Fig. 42.
Vigne à la méthode Trouillet.

Ces vignes tondues à la Titus ne s'étaient jamais vues avant M. Trouillet, dans aucun vignoble ; cette méthode a eu son moment de vogue ; il n'est guère de vignobles en Lorraine, où elle ne fut expérimentée. Aujourd'hui, elle a fait son temps ; les vignerons qui l'avaient adoptée, sont déçus ; ils reviennent à la méthode de Lorraine, avec son échalas, qui vaut, d'après le proverbe, du fumier.

La tonte de tous les bourgeons de la souche à la Titus, qui caractérise la méthode Trouillet, limitant le développement du nombre de feuilles indispensables à la vie de la plante, épuise les vignes, arrête la maturité des grappes, qui ne sont plus que des grappillons, et diminue la qualité des vins.

La méthode Trouillet n'a de bon, que son mode de plantation et son mode de culture annuelle du sol.

L'expérience sur cette méthode est faite ; cette expérience a démontré que la suppression des échalas et des tire-sèves, comme disent les vignerons, a produit l'affaiblissement des vignes et la ruine des propriétaires qui l'ont adoptée.

Méthode rationnelle sans échalas.

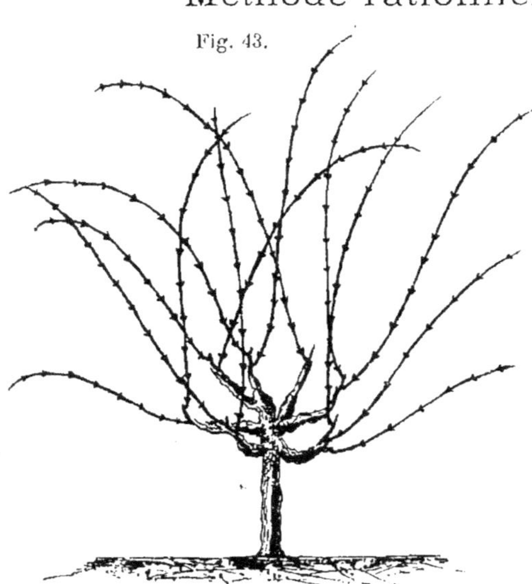
Fig. 43.

Cette méthode (Fig. 43) sera adoptée par tous les vignerons qui possèdent des vignes traitées à la méthode de Trouillet ; elle consistera à donner à chaque bourgeon, plus de développement par un pincement beaucoup plus long des bourgeons conservés pour la production ; en donnant à chaque bourgeon, 0ᵐ80 à 1ᵐ00 de longueur, la vigueur du cep, la beauté et la qualité des grappes seront en rapport avec cette longueur.

Dans ces conditions, les souches à la Trouillet perdront cette dénomination ; on donnera à ce nouveau mode d'opérer, le nom de méthode rationnelle sans échalas. Le nom de Trouillet rappelant une période de déceptions dans nos vignobles, doit disparaître, pour cette raison, de la bouche des vignerons.

La méthode rationnelle sans échalas n'est pas une nouveauté, elle a déjà fait ses preuves en Lorraine, chez M. Thiriot, vigneron à Écrouves, Moitrot, instituteur à Ludres, Laurent, pépiniériste à Rosières-aux-Salines ; et dans d'autres vignobles de France où la vigne franc de pied vit 80 et 100 ans et donne une moyenne de 50 à 100 hectolitres à l'hectare.

Méthode rationnelle avec échalas de Débard.

Vers 1857, M. Débard, ancien instituteur, vigneron à Dombasle, mit en pratique une méthode, non pas nouvelle, car on la rencontre dans bon nombre de départements vinicoles de la France.

Contrairement à la méthode de Trouillet, le pincement est à peu près supprimé ; tous les bourgeons conservés au point de vue de la production présente et au point de vue de la production future par l'ébourgeonnement, sont relevés à l'échalas (Fig. 44, 45 A) et rognés au-dessus de sa hauteur, vers la fin du mois d'août, B.

Dans cette méthode, M. Débard a supprimé la plantation profonde et en fosse, le provignage, l'ébarbage des racines, la culture profonde à la bêche, même au croc ; il emploie la bouture, sarment non enraciné, pour la plantation.

Cette méthode n'a aucun des inconvénients que j'ai signalés dans les autres ; les ceps n'offrent pas de confusion ; les grosses races sont plantées en ligne à 0^m65 en tous sens ; le nombre des bourgeons est limité à la surface du sol qu'ils occupent ; la forme du cep, semblable à la souche lorraine, n'est pas embarrassante ; le palissage des bourgeons n'offre aucune complication ; l'extension donnée au développement de chaque bourgeon permet le degré de vigueur indispensable à la fructification et à la longévité des ceps.

Pour le remplacement, on n'a que l'embarras du choix parmi les sarments vigoureux que l'on trouve sur chaque bras ; les opérations de culture et de taille sont réduites à leur plus simple expression ; dans cette méthode, il n'y a rien de changé dans la taille ; on pratique l'ébourgeonnement, on ne laboure pas, on ne provigne pas, on ne nettoie pas l'entre-feuille, la plantation se fait à la broche, la culture du sol à la raclotte, bêchées répétées dans l'année autant de fois que l'opération est nécessaire pour l'entretien de sa propreté et de son ameublissement.

Cette méthode n'est pas une proposition de M. Débard, il la pratique depuis plus de quarante ans pour les grosses races ; ses vignes plantées de cette époque, n'ont aucun signe d'affaiblissement, on n'y a jamais vu de jaunisse, ni trace de pourridié.

Elle a fait ses preuves depuis longtemps dans d'autres départements vinicoles : le Lyonnais, le Beaujolais, l'Aube, la Côte-d'Or, la Loire, la Saône-et-Loire, l'Allier, le Cher, la Marne, la Sarthe, l'Ain, l'Aisne, etc., etc., n'ont jamais appliqué le pincement des bourgeons sur le raisin ou sur une feuille au-dessus du raisin, comme en Lorraine ; tous les bourgeons du cep montent à l'échalas, ne sont rognés qu'au-dessus et quelquefois pas du tout.

Cette méthode s'applique aussi aux fines races (Fig. 45, 47, 48), où chaque bourgeon relevé à l'échalas au moyen d'une liure de paille D D, ne sera rogné qu'au-dessus en E E, aux époques déjà indiquées.

On pourra, pour simplifier la main-d'œuvre, supprimer la liure et le palissage du ployon sur le cep (Fig. 19 D), et le fixer dans le sol par son extrémité (Fig. 46 A). Cette manière de fixer les ployons est pratiquée dans la Meuse ; les vignerons la désignent sous le nom de Reversi ; cette branche à fruits est arrachée du sol à la taille, puis remplacée annuellement par un nouveau sarment.

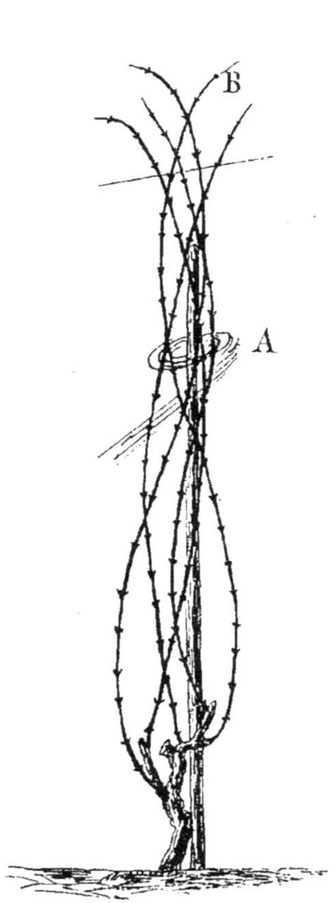

Fig. 44.
**Souche de Gamay ou grosse race.
Méthode rationnelle
avec échalas de Débard.**

A. Liure relevant les bourgeons à l'échalas.
B. Cassement ou rognage des bourgeons au-dessus de l'échalas.

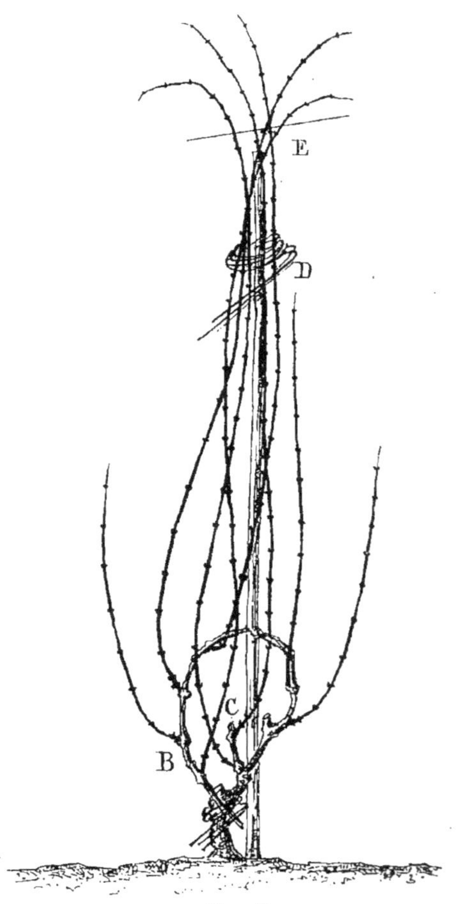

Fig. 45.
**Souche des fines races
soumis à la méthode rationnellé
avec échalas.**

E. Rognage au dessus de l'échalas.
B. Branche à fruits ou couronne fixée à la souche.
C. Branche à bois.
D. Liure de paille des bourgeons relevés à l'échalas.

Les fines races peuvent encore, en les plantant à distance, se traiter en leur donnant une double couronne en Renversi ou Versadi (Fig. 48) ; le grand développement ainsi donné à ces races, ne peut que contribuer à la fertilité des ceps et à la qualité des grappes ; ce succès ne

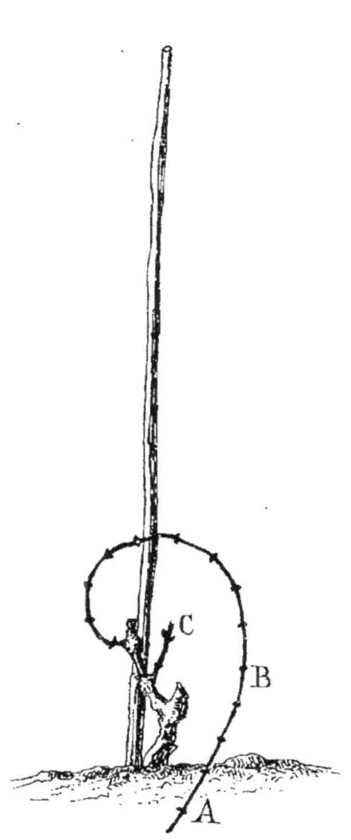

Fig. 46.

Souche des fines races.

A. Branche à fruits en Versadi ou Reversi, fixée en terre
   par sa tête renversée.
B. Couronne ou ployon.
C. Branche à bois ou sarment de remplacement.

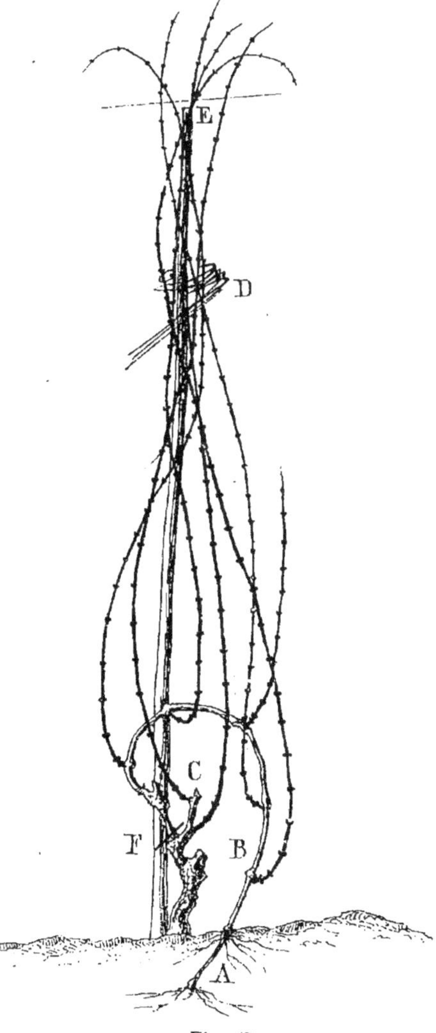

Fig. 47.

**Souche des fines races
soumis à la méthode rationnelle
avec échalas.**

A B. Ployon en Versadi ou Reversi.
C. Branche à bois.
D. Liure de paille.
E. Rognage au-dessus de l'échalas.
F. Taille et arrachage du ployon et des sarments pro-
   ducteurs.

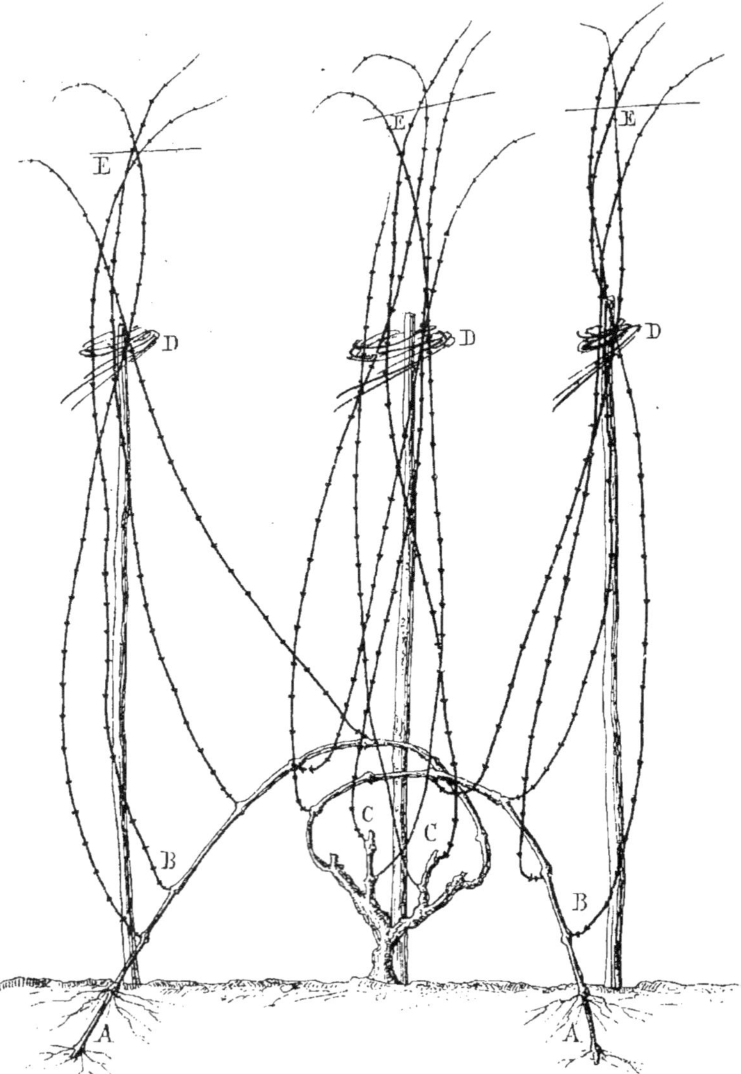

Fig. 48.

Souche des fines races à deux bras.

B. Deux branches à fruits en Versadi ou Reversi.
A. Tête du Reversi fixée dans le sol.
C. Deux branches à bois.
D. Relevage et liure des bourgeons à l'échalas.
E. Rognage des bourgeons au-dessus de l'échalas.

s'obtiendra qu'en augmentant les distances : la souche à deux branches à bois et à deux ployons Reversi sera plantée en ligne, en donnant 1^m00 entre les lignes, 1^m50 entre les ceps, puis les ployons seront établis sur la ligne et non entre les lignes, pour permettre les opérations de culture facilement.

Le mode de culture et de taille adopté en Lorraine, ne peut s'améliorer qu'aux conditions suivantes :

1º En renonçant à la plantation en fossés et au provignage.

2º En cultivant de franc de pied jusqu'à ce que les vignes soient arrachées.

3º En remplaçant la bêche et le grand croc par la houe à main ou à cheval.

4º En maintenant les vignes en lignes parfaites.

5º En donnant plus d'espacement aux ceps.

6º En augmentant les bras et le nombre des bourgeons en raison de la diminution des ceps pour les grosses races, comme dans le Beaujolais, ou en allongeant les branches à fruits des fins cépages comme en Alsace.

7º Dans le retour aux fines races, qui, soumises à une taille en rapport avec leur vigueur et leur fécondité, peuvent donner autant que les grosses races et élever non-seulement le prix de nos vins, mais rétablir la réputation des vins de Lorraine, que les Gamay nous ont fait perdre.

Si les vins de Thiaucourt ont conservé leur réputation, c'est parce que les grosses races ont refusé et refusent de vivre sur ses coteaux, là où les fines races sont vigoureuses et fécondes.

Combien de coteaux qui ne montrent que des ceps de Gamay remarquables par leur état de faiblesse et d'infertilité, qui plantés en pineau, ramèneraient le bon vin et les vendanges qui font défaut depuis si longtemps.

En règle générale, le Gamay refuse de pousser sur les pentes des coteaux où le pineau, plus rustique, plus vorace, se complaît.

Ce n'est que dans le bas des coteaux où la terre arable offre assez d'épaisseur et de qualités, que le Gamay peut prospérer.

8º En donnant au cep la latitude de développer le nombre de feuilles nécessaires à l'alimentation des grappes par un pincement plus long que celui que l'on pratique dans le vignoble lorrain.

CONCLUSION.

En conclusion de tout ce qui précède :

La méthode de Lorraine conduite d'après les règles que j'ai décrites, sera toujours très rénumératrice dans notre région.

La méthode rationnelle avec échalas de Débard ou sans échalas, et la vigne en chaintre de Denis Lussaudeau, donnent des produits très abondants et de qualité, aux personnes qui n'aiment pas la complication.

La méthode du Docteur J. Guyot doublera les récoltes, lorsqu'on ne reculera pas devant la main-d'œuvre et les installations, et surtout, lorsqu'on observera rigoureusement les règles que j'ai données pour l'opération des pincements et des palissages.

LISTE

ET

DESCRIPTION DES CÉPAGES

CULTIVÉS DANS LE VIGNOBLE LORRAIN.

Pineau blanc.

Synonymes : Auxerrois blanc, Chardenet, Noirien blanc, Risling blanc.

Origine : Ancienne ou inconnue.
Grappe : Petite, courte, serrée.
Grains : Petits, à peu près ronds.
Peau : Assez fine, jaune verdâtre, un peu dorée.
Chair : Légèrement croquante, juteuse, sucrée, relevée.
Fruit : Bon.
Cep : Très vigoureux, fertile, rustique.
Sarments : Assez minces, longs.
Feuilles : Moyennes, à peine duveteuses en dessous.
Culture : Taille à long bois et à grand développement, convient aux terrains maigres.

Pineau noir.

Synonymes : Noirien, Franc Pineau, Petit Plan doré, Auvernat noir, Plan noble.

Origine : Ancienne ou inconnue.
Grappe : Petite, serrée.
Grains : Petits, à peu près ronds.
Peau : Épaisse, ferme, noir foncé, pruinée.
Chair : Juteuse, relevée et sucrée.
Fruit : Bon.
Cep : Très vigoureux, rustique, fertile.
Sarments : De longueur et force moyennes.
Feuilles : Moyennes, pas duveteuses en dessous.
Culture : Taille à long bois.

Pineau gris.

Synonymes : Auvernat gris, Petit gris, Auxois ou Auxerrois gris, Risling gris, Enfumé griset, Pineau cendré.

Variété du Pineau noir.

Meunier.

Synonymes : Morillon taconné, Fernèse, Farnèse, Blanche feuille, Carpinet, Farineuse.

Origine :	
Grappe :	Petite, arrondie, assez serrée.
Grains :	Petits.
Peau :	Épaisse, noir foncé, pruinée.
Chair :	Juteuse, sucrée.
Fruit :	Bon.
Cep :	Fertile, feuille à duvet blanc.
Sarments :	Vigoureux, moyens.
Culture :	Taille à long bois, convient aux terrains maigres du haut des coteaux.

Morillon noir.

Synonymes : Morillon noir hâtif, Madeleine noir, Pineau hâtif de Hongrie.

Origine :	Allemande.
Grappe :	Petite, courte, tronquée.
Grains :	Petits, presque ronds, serrés.
Peau :	Un peu épaisse, noir violet, pruinée.
Chair :	Délicate, très sucrée, parfumée.
Fruit :	Très bon.
Cep :	Très vigoureux et fertile.
Sarments :	Moyens, brun fauve.
Culture :	Taille à long bois.

Vert noir.

Culture :	Des Morillons, taille à long bois.

Aubin blanc.

Synonymes : Blanc de Magny, Riesling, Pétracine.

Culture :	Taille à long bois.

Gros Bec.

Synonymes : Noir de Lorraine, Noirgot, Simoro.

Culture :	Taille courte.

Gros Gamay.

Synonymes : Liverdun, Grosse race, Ericé noir, Gros plants, etc.

Origine :	
Grappe :	Moyenne, un peu serrée.

Grains :	Moyens.
Peau :	Fine, assez résistante, noir foncé, pruinée.
Chair :	Molle, juteuse, sucrée.
Fruit :	A saveur simple.
Cep :	Délicat.
Culture :	Taille courte.

Varenne noire.

Synonymes : Vert plant, Troyen, Déloyal, Gamay d'Orléans, Jacquemart.

Origine :	
Grappe :	Moyenne.
Grains :	Moyens.
Peau :	Mince, noire.
Chair :	Molle, juteuse.
Fruit :	Non relevé.
Cep :	Moyenne vigueur.
Culture :	Taille à sarment court.

Gamay de Juillet.

Synonymes : Gamay précoce, Gamay noir hâtif des Vosges.

Blauer Portugieser.

Synonymes : Portugais bleu, Oporto.

Origine :	Hongrie ou Portugal.
Grappe :	Moyenne, peu serrée.
Grains :	Moyens, ronds.
Peau :	Fine, noir bleuâtre, pruinée.
Chair :	Juteuse, sucrée, assez relevée.
Fruit :	Bon.
Cep :	Vigoureux, fertile.
Sarments :	Forts longs, fauve rougeâtre.
Feuilles :	Grandes.
Culture :	Taille courte et longue, sol sec.

Melon.

Synonyme : Gamay blanc du Jura.

Meslier blanc.

Culture :	Taille à sarment court.

TABLE DES MATIÈRES